주기율표 Periodic Table of the Elements

원소 기호 →	C 6	← 원자 번호
영어명 →	Carbon	
한글명 →	탄소	
원자량 →	12.011	

- 금속 (Metal)
- 준금속 (Semimetal)
- 비금속 (Nonmetal)

주기 \ 족	1	2	3	4	5	6	7	8	9	10	11	12	13	14	15	16	17	18
1	H 1 Hydrogen 수소 1.007																	He 2 Helium 헬륨 4.0026
2	Li 3 Lithium 리튬 6.941	Be 4 Beryllium 베릴륨 9.0122											B 5 Boron 붕소 10.811	C 6 Carbon 탄소 12.011	N 7 Nitrogen 질소 14.0067	O 8 Oxygen 산소 15.9994	F 9 Fluorine 플루오린 18.9984	Ne 10 Neon 네온 20.1797
3	Na 11 Sodium 소듐(나트륨) 22.9898	Mg 12 Magnesium 마그네슘 24.305											Al 13 Aluminium 알루미늄 26.9815	Si 14 Silicon 규소 28.0855	P 15 Phosphorus 인 30.9738	S 16 Sulfur 황 32.0650	Cl 17 Chlorine 염소 35.4533	Ar 18 Argon 아르곤 39.948
4	K 19 Potassium 포타슘(칼륨) 39.0983	Ca 20 Calcium 칼슘 40.078	Sc 21 Scandium 스칸듐 44.9559	Ti 22 Titanium 타이타늄 47.867	V 23 Vanadium 바나듐 50.9415	Cr 24 Chromium 크로뮴 51.9961	Mn 25 Manganese 망가니즈 54.938	Fe 26 Iron 철 55.845	Co 27 Cobalt 코발트 58.9332	Ni 28 Nickel 니켈 58.6934	Cu 29 Copper 구리 63.546	Zn 30 Zinc 아연 65.409	Ga 31 Gallium 갈륨 69.723	Ge 32 Germanium 저마늄 72.64	As 33 Arsenic 비소 74.9216	Se 34 Selenium 셀레늄 78.96	Br 35 Bromine 브로민 79.904	Kr 36 Krypton 크립톤 83.798
5	Rb 37 Rubidium 루비듐 85.4678	Sr 38 Strontium 스트론튬 87.62	Y 39 Yttrium 이트륨 88.9059	Zr 40 Zirconium 지르코늄 91.224	Nb 41 Niobium 나이오븀 92.9064	Mo 42 Molybdenum 몰리브데넘 95.94	Tc 43 Technetium 테크네튬 98.9063	Ru 44 Ruthenium 루테늄 101.07	Rh 45 Rhodium 로듐 102.9055	Pd 46 Palladium 팔라듐 106.42	Ag 47 Silver 은 107.8682	Cd 48 Cadmium 카드뮴 112.411	In 49 Indium 인듐 114.818	Sn 50 Tin 주석 118.71	Sb 51 Antimony 안티모니 121.76	Te 52 Tellurium 텔루륨 127.6	I 53 Iodine 아이오딘 126.9045	Xe 54 Xenon 제논 131.293
6	Cs 55 Cesium 세슘 132.9055	Ba 56 Barium 바륨 137.327		Hf 72 Hafnium 하프늄 178.49	Ta 73 Tantalum 탄탈럼 180.9479	W 74 Tungsten 텅스텐 183.84	Re 75 Rhenium 레늄 186.207	Os 76 Osmium 오스뮴 190.23	Ir 77 Iridium 이리듐 192.217	Pt 78 Platinum 백금 195.078	Au 79 Gold 금 196.9666	Hg 80 Mercury 수은 200.59	Tl 81 Thallium 탈륨 204.3833	Pb 82 Lead 납 207.2	Bi 83 Bismuth 비스무트 208.9804	Po 84 Polonium 폴로늄 208.9824	At 85 Astatine 아스타틴 209.9871	Rn 86 Radon 라돈 222.0176
7	Fr 87 Francium 프랑슘 223.0197	Ra 88 Radium 라듐 226.0254		Rf 104 Rutherfordium 러더포듐 261.1088	Db 105 Dubnium 더브늄 262.1142	Sg 106 Seaborgium 시보귬 266.1219	Bh 107 Bohrium 보륨 264.1247	Hs 108 Hassium 하슘 269.13	Mt 109 Meitnerium 마이트너륨 268.1388	Ds 110 Darmstadtium 다름스타튬 271.15	Rg 111 Roentgenium 뢴트게늄 272.1535	Cn 112 Copernicium 코페르니슘 (277)	Nh 113 Nihonium 니호늄 (284.18)	Fl 114 Flerovium 플레로븀 (289.19)	Mc 115 Moscovium 모스코븀 (288.19)	Lv 116 Livermorium 리버모륨 (293)	Ts 117 Tennessine 테네신 (294)	Og 118 Oganesson 오가네손 (294)

란타넘족 (Lanthanides)	6	La 57 Lanthanum 란타넘 138.9055	Ce 58 Cerium 세륨 140.116	Pr 59 Praseodymium 프라세오디뮴 140.9077	Nd 60 Neodymium 네오디뮴 144.24	Pm 61 Promethium 프로메튬 146.9151	Sm 62 Samarium 사마륨 150.36	Eu 63 Europium 유로퓸 151.964	Gd 64 Gadolinium 가돌리늄 157.25	Tb 65 Terbium 터븀 158.9	Dy 66 Dysprosium 디스프로슘 162.5	Ho 67 Holmium 홀뮴 164.93	Er 68 Erbium 어븀 167.259	Tm 69 Thulium 툴륨 168.9342	Yb 70 Ytterbium 이터븀 173.04	Lu 71 Lutetium 루테튬 174.967
악티늄족 (Actinides)	7	Ac 89 Actinium 악티늄 227.0278	Th 90 Thorium 토륨 232.0381	Pa 91 Protactinium 프로트악티늄 231.0359	U 92 Uranium 우라늄 238.0289	Np 93 Neptunium 넵투늄 237.0482	Pu 94 Plutonium 플루토늄 244.0642	Am 95 Americium 아메리슘 243.0614	Cm 96 Curium 퀴륨 247.0703	Bk 97 Berkelium 버클륨 247.0703	Cf 98 Californium 캘리포늄 251.0796	Es 99 Einsteinium 아인슈타이늄 252.083	Fm 100 Fermium 페르뮴 257.0951	Md 101 Mendelevium 멘델레븀 258.0984	No 102 Nobelium 노벨륨 259.101	Lr 103 Lawrencium 로렌슘 262.1097

화학개론실험

김건철 지음

자유아카데미

머리말

다양한 형태의 '연금술(alchemy)'이나 '연단술'에서 비롯되어 이후 수많은 과학자의 실험과 분석 결과를 바탕으로 발전되어 온 '화학'은 물질의 정체와 변환을 연구하는 자연과학의 핵심 분야로, 원자와 분자를 이용하여 새로운 화합물을 합성하고, 다양한 화학 반응의 특성을 연구하는 분야이다. 학문적으로는 자연과 인간의 생명 현상을 이해하고 더 나은 삶을 위하여 첨단과학을 선도하며, 산업적으로는 인류의 삶에 필요한 다양한 소재와 에너지를 공급하는 데 기여한다.

'일반화학'은 자연과학이나 공학 분야의 필수 기초과목 또는 교양과목으로 수강되고 있으며, 실험 과학이라는 특성상 '화학실험' 또는 '일반화학실험' 강의 역시 대부분의 대학에서 과학 분야의 필수적인 과목으로 지정하고 있다.

일반적으로 화학실험은 두 학기용으로 구성되어 있지만 학과나 다양한 전공에 맞춰 한 학기만 수강하는 경우도 늘어나고 있다. 이에 따라 두 학기용 실험 교재에서 한 학기 과정만 수행하거나 선별적으로 실험을 선택하여 진행하는 경우가 늘고 있으며, 이에 단학기용 분량과 내용에 적합한 화학개론실험서의 필요성이 커지고 있다.

특히 화학적 기초가 부족한 신입생을 대상으로 실험의 이론과 원리 및 실험 기구의 작용까지를 1회 실험에 주어진 2시간 안에 모두 마치는 것은 현실적으로 어려움이 많다. 이론과 실험 조작 등을 설명하는 시간도 실험에 포함하여 적절한 실험 개수가 배분된 실험 과목을 개설하는 것이 현실적이며 교육 효과를 높일 수 있을 것으로 판단되었다.

『화학개론실험』은 다양한 전공을 준비하는 1학년 학생을 대상으로 하여 수년간 화학실험 과목을 강의했던 경험을 바탕으로, 실제로 수행하기 어려웠던 기존의 과정을 개선하고 실험실 현장에서 수업 진행이 더 수월할 수 있도록 구성하였으며 시약구입 및 기구 조작에 무리가 없는 실험 과정을 제안한 교재이다.

실험과목은 담당 교수와 조교 그리고 학생들의 긴밀한 소통과 교류가 필요하므로 조교들의 역할이 매우 중요한데, 이 책을 집필하는 데 있어 그들의 많은 도움을 받았다. 실험 현장에서 겪었던 많은 문제점과 개선점들, 학생들에게 도움이 되는 조언과 안전 관리에 대한 여러 경험을 알려주고 제안해 주었다. 이에 대학원 조교들에게 매우 큰 감사를 표한다. 마지막으로 교재 편찬을 제안하여 주시고 출판을 할 수 있도록 여러모로 도움을 주신 자유아카데미 출판사에도 감사의 말씀을 전한다.

충남대학교 김건철 교수

차례

실험에 앞서

실험실 안전수칙

① 복장

1) 실험실 안에서는 반드시 실험복과 보안경을 착용한다. (미착용자는 실험실의 출입을 금한다.)

   ※ 안경을 쓴 사람은 안경으로 보안경을 대체한다.

2) 신발은 발 전체를 감싸야 하며, 슬리퍼나 샌들은 착용하지 않는다.
3) 머리가 긴 사람은(머리가 어깨까지 내려오는) 머리를 뒤로 묶어서 실험에 지장이 없도록 한다.
4) 콘택트렌즈(contact lense)는 절대로 착용하지 말아야 한다.

② 주의사항

1) 실험실 내에서는 음료수, 과자류, 식사 등 음식물의 섭취를 할 수 없다.
2) 조교의 지시없이 각종 화학약품을 맛보거나 냄새 맡지 말아야 하며, 필요 시 조교의 지시에 따른다(가능하면 Stopper를 이용하는 것이 좋음).
3) 실험이 끝난 후에 반드시 손을 흐르는 수돗물에 충분히 씻는다.
4) 조급한 실험은 피하고 실험 전에 실험의 전반적인 내용을 충분히 숙지한다.
5) 실험 시작 전에 그 실험에 사용되는 시약의 주의 사항을 충분히 숙지하여 만약의 돌발사태에 대비한다.
6) 각종 실험 초자 및 기기의 사용은 조교의 설명을 듣고 사용한다.

③ 안전조치

1) 산 등의 각종 화학약품이 눈에 들어갔을 때는 신속히 흐르는 물로 씻어주되 적어도 10분 이상을 씻어야 한다. 이때 비비지는 말고 물의 압력이 너무 강할 경우 해를 입을 수도 있으므로 적당한 수압으로 물을 흘려 준다.
2) 산 등의 각종 화학약품이 피부에 접촉하였을 때는 역시 흐르는 물로 상처 부위를 씻되, 비누로 씻거나 비비지 않는다. 옷에 산이 튀었을 경우에는 빨리 옷을 벗어서 피부가 해를 입는 것을 방지한다.
3) 위의 안전조치를 취한 뒤 상태가 악화되면 즉시 병원에서 전문의의 진료를 받는다.
4) 화재 시 학생들은 신속히 밖으로 대피한다.

재결정 설명

① 재결정

재결정은 대부분의 고체가 차가운 용매에서보다 뜨거운 용매에서 잘 녹는점과 각각의 물질이 다양한 용매에 따라서 그 녹는 정도의 차이가 있다는 성질을 이용한다. 그러므로, 고체 물질의 용해도 차이가 뜨거운 용매와 차가운 용매 사이에서 큰 차이가 날수록 재결정하기가 쉽다. 용매에 고체를 넣고 가열하면 그 결과는 다음과 같다.

$$\text{고체} + \text{용매} \underset{\text{냉각}}{\overset{\text{가열}}{\rightleftharpoons}} \text{용액}$$

이때 결정이 천천히 생성되고 오로지 생성물만이 생성되는 것을 결정화라고 한다. 위의 식과 같은 평형상태에서 급격히 냉각하면 불순물까지 고체로 형성되게 된다. 또한 급격한 냉각은 결정을 작게 형성하기도 한다. 그래서 생성물의 정제를 어렵게 하기도 한다. 또 너무 느리게 냉각하면 생성물 주위에 불순물이 붙기도 한다. 일반적으로 재결정은 10분 이상 24시간 이하를 유지하며 불순물 제거는 불순물의 양이 상대적으로 소량이거나 용해도의 차이가 커야만 가능하다.

때로는 재결정 과정을 여러 번 해야만 순수한 물질을 얻게 되기도 한다. 예를 들어 10g의 A 물질과 5g의 B 물질이 섞여 있을 때 이를 특정 용매로 80℃ 가열하고 30℃로 냉각을 했을 때 5g의 A와 1.5g의 B가 석출됐다면 이 물질은 아직 불순하지만 다시 한번 용매의 양을 반으로 하여 가열 후 냉각하면 2.5g의 A만이 석출된다. 이것은 처음 재결정시에 A는 5/10가 석출되고 B 는 3/10이 석출되었던 것에 기인한다. 만일 과량의 용매를 사용하면 재결정은 잘 되지 않을 것이다.

그럼 각 물질의 용해도는 어떻게 알 수 있을까? 대부분의 유기물질의 용해도는 그 극성과 용질의 크기와 용매 분자에 따라 다르다. 우리는 우선 "like dissolve like"라는 성질을 이용할 수 있다. 이것은 극성 물질은 극성 용매에 잘 녹고 비극성 물질은 비극성 용매에 잘 녹는다는 것을 의미한다.

재결정 용매는 실온에서 그 용해도 차가 최소여야 한다. 만일 하나의 용매로 재결정이 되지 않으면 용매를 섞어서 사용할 수도 있다.

② 일반적 실험 방법

(1) 용매 선택

알려진 물질의 재결정 시에는 논문이나 실험책 등을 찾아서 적당한 용매를 결정해야 한다. 그러나 가지고 있는 불순물의 종류나 그 양 때문에 문헌과 다를 수도 있고 만일 알려지지 않은 물질인 경우에는 적당한 용매를 찾기 위해 많은 시도와 착오를 경험해야 할 것이다.

용매 선택 시의 주의 사항은 다음과 같다.

1) 용매의 끓는점은 130℃ 이하인 것이어야 한다.
2) 재결정할 물질의 녹는점이 용매의 끓는점보다 낮아야 한다.
3) 가능하면 인화점이 낮아야 한다.
4) 재결정할 물질과 반응을 하지 않아야 한다.

재결정하기 전에 용매 선택을 위해 소량의 생성물을 작은 튜브에 넣고 재결정하려는 용매를 넣은 뒤에 흔들어 본다. 이때 녹으면 다른 용매를 찾고 녹지 않으면 끓는점까지 가열해 본다. 가열 후 녹으면 이것을 차가운 물이 들어있는 비커에 넣어서 침전 생성 여부를 확인한다. 이 과정이 무난히 진행되면 올바른 용매를 선택한 것이다. 그렇지 않다면 이런 과정을 반복해야 한다. 만일 소량의 용매에 녹는다면 너무 많은 생성물이 용매에 남으므로 좋지 않고 너무 과량의 뜨거운 용매가 필요해도 좋지 않다. 재결정 시 용매 선택의 실수는 다음과 같은 경우 나타날 수 있다.

1) 재결정이 너무 느릴 때.
2) 과량의 용매를 사용할 때 결정 형성이 어렵다.
3) 뜨거운 용매를 갑자기 과량을 가할 때.
4) 과량의 불순물이 존재하거나 불순물이 가열 후 냉각 시 용해도가 클 때.

주의
- 재결정에 사용되는 용매의 위험성을 항상 주의!
- 가능한 한 인화성이 낮은 용매 선택!
- 가열 시에는 조교의 지시에 따라서 지정 장소와 시간에만!

(2) 탈색

만일 생성물이나 용액이 색을 띠고 있다면 불순물을 포함한 생성물을 녹인 후에 끓는점 이하로 몇 도 내려가길 기다리고 거기에 charcoal을 무게비로 생성물의 약 1%를 넣고 몇 분간 교반한다. 그 후 이것을 hot filter한다.

주의 charcoal을 넣기 전에 용액은 끓는 점 몇 도 이하로 내려야 한다. 그렇지 않으면 격렬히 끓을 수도 있다.

(3) 뜨거운 용액 여과(hot filtration)

생성물을 녹인 뒤 녹지 않은 불순물이나, 먼지, charcoal 등이 남을 수 있기에 여과해 주어야 하는데 이때는 감압 여과보다 중력 여과가 좋다. 왜냐하면 감압 시에 뜨거운 용매가 증기로 딸려나갈 수 있기 때문이다. 우선 거름 종이를 깔때기에 접어서 넣고 소량의 용매로 적신다. 그리고 소량의 용매를 플라스크 안에 넣어 둔다. 플라스크를 가열하면서 뜨거운 용액을 여과한다.

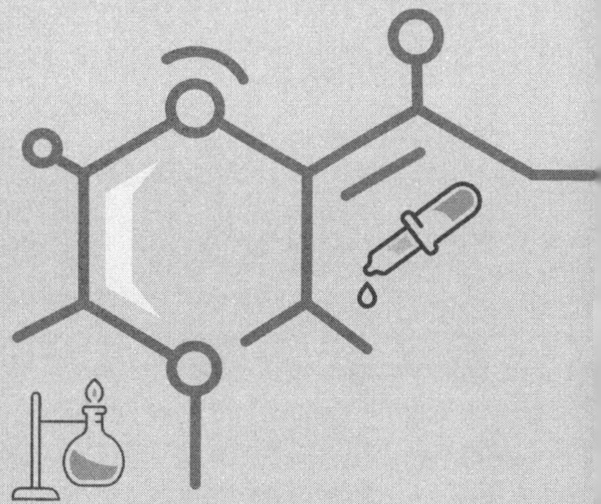

실험

실험 01

액체 및 고체의 밀도 측정

이 론

밀도는 물질의 단위부피당 질량이며, 국제단위계에서의 단위는 kg/m^3이다. 밀도는 세기 변수(intensive variable)로서 물질의 특성을 나타내는 양이다.

국제단위계에서 질량의 단위는 kg, 부피의 단위는 m^3이므로, 밀도의 단위는 kg/m^3이 된다. CGS 단위계에서 밀도의 단위는 g/cm3인데, g/cm^3로 나타낸 고체나 액체의 밀도가 보통 한 자리 혹은 두 자리 숫자이므로 이 단위가 더 널리 쓰인다. 예를 들어 물의 밀도는 $1\ g/cm^3 = 1000\ kg/m^3$이다.

부피나 질량은 물질의 양에 따라 값이 달라지는 양이다. 예를 들어 온도나 압력 등이 같은 조건에서 물질의 양이 2배가 되면 부피와 질량도 2배가 된다. 이처럼 물질의 양에 비례하는 물리량을 크기 변수(extensive variable)라고 한다. 한편 두 크기 변수의 비로 주어지는 밀도와 같은 변수는 물질의 양이 달라져도 같은 값을 갖는다. 이와 같이 물질의 양에 무관하게 일정한 물리량을 세기 변수라고 한다. 크기 변수는 같은 물질이라도 양에 따라 값이 달라지기 때문에 물질의 특성을 나타낼 수 없지만, 하나의 물질에는 하나의 세기 변수가 대응하므로 세기 변수는 물질의 특성을 나타내는 양으로 사용할 수 있다. 예를 들어, 구리의 밀도는 $8.93\ g/cm^3$라고 말할 수 있지만, 구리의 질량이 얼마라고 말할 수는 없다. 일반적으로 물질의 밀도는 온도와 압력의 함수이므로 엄밀하게 밀도를 얘기할 때는 어떤 온도와 압력에서의 밀도인지를 말해야 한다. 하지만 고체나 액체의 밀도가 온도나 압력에 아주 민감하지는 않으므로, 보통 온도와 압력에 대해 언급하지 않고 1기압 실온에서의 밀도를 그냥 밀도라고 하기도 한다.

시약 및 기구

시 약

고체 종류: 구리 조각, 구슬, 동전 등

액체 종류: 수돗물, 소금물 등

기 구

눈금 실린더(50 mL), 저울

☑ 실험방법

실험 A 고체의 밀도 측정

1) 준비한 고체를 물로 간단히 씻고 냅킨으로 닦아 저울에 질량을 측정한다.
2) 눈금 실린더에 증류수를 고체가 충분히 잠길 정도로 넣고 눈금을 측정한다.
3) 증류수가 담긴 눈금 실린더에 고체를 넣고 다시 눈금을 측정한다.
4) 이 과정을 3회 반복하여 데이터를 기록한다.

실험 B 액체의 밀도 측정

1) 준비된 깨끗한 눈금 실린더의 무게를 측정한다.
2) 제공되는 액체(수돗물, 소금물) 10 mL 정도를 눈금 실린더에 옮긴다.
3) 눈금 실린더의 눈금을 측정한다.
4) 액체가 포함된 눈금 실린더의 무게를 측정한다.
5) 이 과정을 3회 반복하여 데이터를 기록한다.

☑ 실험결과

고체I 밀도

측정 번호	질량	측정 부피(1)	측정 부피(2)
1			
2			
3			

고체II 밀도

측정 번호	질량	측정 부피(1)	측정 부피(2)
1			
2			
3			

액체I 밀도

측정 번호	처음 질량	나중 질량	측정 부피
1			
2			
3			

액체I 밀도

측정 번호	처음 질량	나중 질량	측정 부피
1			
2			
3			

☑ 질문

1) 밀도 외에 사용되는 세기 변수(intensive variable)에 대하여 논의하라.
2) 물리적 성질과 화학적 성질의 차이는 무엇인가?
3) 물질에 서로 다른 특성을 나타내는 성질에는 무엇이 있을까?

실험 02 아보가드로 수 측정

☑ 이 론

아보가드로 수는 $6.00214076 \times 10^{23}$이고, NA로 나타낸다. (아보가드로 수를 우리 말로 읽으면 '6천22해(垓)1천4백7경(京)6천조(兆)'이다.) 아보가드로 수에 해당하는 물질을 '몰'(mole)이라고 부르고, 'mol'로 표시한다. 미터조약 체결 144주년을 기념하는 2019년 5월 20일의 '세계표준의 날'에 개최된 제26차 국제도량형총회의 결정에 따라 아보가드로 수는 오차가 포함되지 않은 물리상수이다.

아보가드로 수는 1909년 프랑스의 물리학자 장 패랭(Jean Perrin, 1926년 노벨 물리학상 수상)이 이탈리아의 과학자 아메데오 아보가드로(Amedeo Avogadro, 1776~1856)의 업적을 기리기 위해 '32그램에 들어있는 산소 분자의 수'로 처음 정의했고, 2006년에는 12그램에 들어있는 탄소-12 원자의 수를 뜻하는 것으로 개정되었다.

1. 측정 방법의 역사적 배경

(1) 기체 운동 이론을 이용하는 방법(Loschmidt의 방법)

독일의 과학자 로슈미트(Johann Josef Loschmidt)는 0˚C, 1 atm에서 1 m^3에 들어있는 이상 기체 입자의 수를 로슈미트수(Loschmidt number)로 정의하고 그 값을 계산하였다. 로슈미트가 공기에 대하여 구한 값은 다음과 같다.

$$n_o = 1.81 \times 10^{24}\ m^{-3}$$

이를 아보가드로 수 단위로 환산하면 그 1/10보다 작아, 실제 값보다 오차가 매우 큰 것처럼 생각할 수 있다. 하지만 $\sim 10^{23}$에 달하는 매우 큰 값을 이 정도로 구한 것은 당시의 실험 장비와 이론을 고려하면 매우 뛰어난 업적이다.

(2) 입자의 브라운 운동을 이용하는 방법(페랑의 방법)

입자의 브라운 운동은 정해진 시간 동안 입자가 운동하는 거리를 나타내는 확산 방정식을 이용하여 페랑이 구한 값은 다음과 같다.

$$n_A = 7.15 \times 10^{23}\ mol^{-1}$$

(3) 전하 측정법(Coulometry)

전하 측정법은 아보가드로 수를 정확히 측정한 최초의 방법이다. 이 측정법의 원리는 전자 1몰의 전하(F)를 측정하는 것이다. F를 패러데이 상수라고 부른다.

$$1\,F\,(\mathrm{C/mol}) = eN_A$$

e는 전자의 기본 전하량으로 $e = 1.6021766208 \times 10^{-19}$ C이다.

이 식을 이용하여 실험적으로, 산화 전극이 은(Ag)으로 되어있는 전지에 전압을 가하면 은이 녹아 나온다. 일정한 전류 I(A)가 t초 동안 흘렀을 때 은 전극의 질량이 m(g)만큼 감소하였다면, 위 식과 실험에 의한 은(Ag)과의 관계가 다음과 같다. 이 식에서 M은 은의 원자량(g/mol)을 나타낸다. 실험의 측정치로부터 N_A 값을 구하게 된다.

$$F = It/(m/M) = eN_A$$

(4) X-선 결정법

아보가드로 수를 가장 정확하게 구하는 방법은 X-선 회절법으로 구한 결정 구조를 이용하는 것이다. 정확한 결정 구조로부터 원자의 수밀도(단위 부피 속에 들어있는 원자의 수)를 계산하면 아보가드로 수를 구할 수 있다. 가장 순도가 높고 완벽한 결정을 만들 수 있는 실리콘이 아보가드로 수를 구할 때 사용된다. 실리콘의 원자량과 밀도를 알면, 다음 식으로부터 아보가드로 수, N_A를 구할 수 있다.

$$a^3 = nM/\rho N_A$$

a^3은 단위 세포의 부피(cm^3), n은 단위 세포에 들어있는 원자의 수, M은 물질의 몰질량(g/mol), ρ는 결정 밀도(g/cm^3)이다.

(5) 스테아르산(stearic acid) 단분자막을 이용하는 방법

스테아르산 단분자막(monolayer)을 이용하여 실험실에서 간단하게 아보가드로 수를 구할 수 있다. 스테아르산은 물 위에서 단분자막을 형성한다. 따라서 물 위에 형성된 스테아르산의 면적으로부터 아보가드로 수를 구할 수 있다.

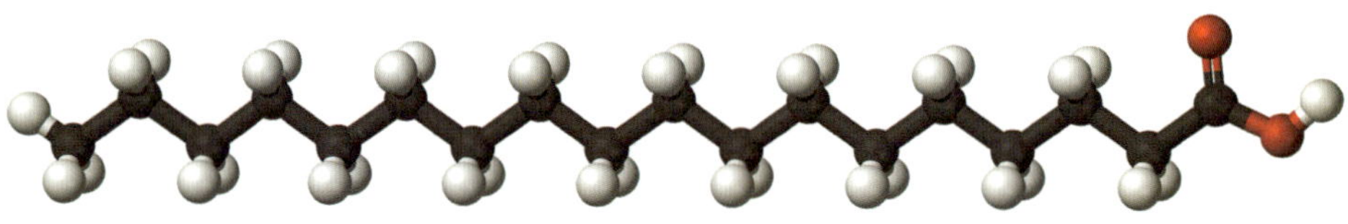

그림 스테아르산의 분자 구조

한 원소로만 구성된 물질의 1몰 부피(V_m)를 알고 그 원자 한 개의 부피(V_1)를 측정하면 아보가드로 수를 알 수 있다.

$$N_A(\text{아보가드로 수}) = V_m/V_1$$

이러한 실험에 적합한 물질로 탄소를 선택할 수 있다. 지구상에 존재하는 탄소는 몇 가지 동위 원소들이 섞여 있으므로 탄소 1몰의 평균 질량은 12.011 g이다. 탄소로만 구성된 물질 중 다이아몬드는 밀도가 3.51 g/cm^{3}이므로 1몰의 부피를 어림잡아 계산할 수 있다.

$$V_m(\text{1 mole 부피, 몰질량 / 밀도}) = 12.011 / 3.51 = 3.422\ \text{cm}^3/\text{mol}$$

하지만 다이아몬드를 이용하여 한 원자의 부피를 실험적으로 얻기는 어렵다. 탄소 원자 하나의 부피를 정확히 알아내기는 쉽지 않지만, 스테아르산을 이용하여 물층에서 형성하는 단분자막을 이용하여 탄소 원자의 부피를 어림잡아 얻을 수 있다.

스테아르산(stearic acid)은 탄소 18개로 이루어진 직선형 포화 지방산으로 동식물의 지방 또는 오일을 가수분해하여 쉽게 얻는 유기 화합물이다. 분자식이 $C_{18}H_{36}O_2$인 포화 지방산으로서 실온에서 고체 상태(녹는점 69.3°C)이고 유기 용매인 톨루엔, 클로로폼, 헥세인 및 아세톤에 잘 용해되고 물에는 거의 녹지 않는다.

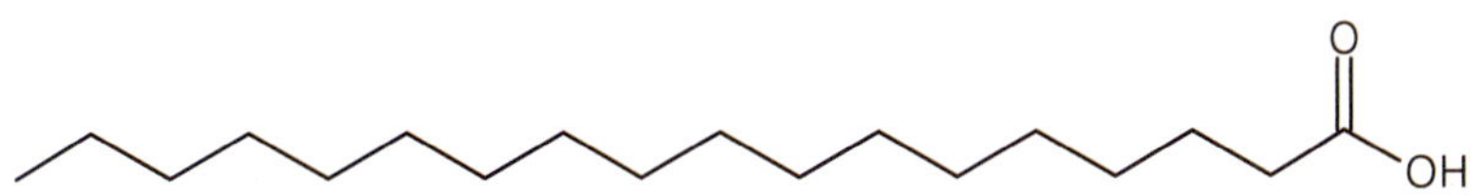

스테아르산을 헥세인에 녹이고 물에 떨어뜨리면 헥세인은 증발하고 스테아르산의 친수성인 -COOH 부분은 물에 접촉이 되고 가지 부분은 친유성이므로 서로 정연하게 모이게 되어 단분자막을 형성하게 된다.

스테아르산에 포함된 탄소 18개를 각각 정육면체로 가정하고 원형 스테아르산 단분자막의 부피로부터 높이를 계산하면 탄소 원자 하나의 길이를 얻게 된다. 이 길이로부터 탄소 한 개의 부피를 얻는다.

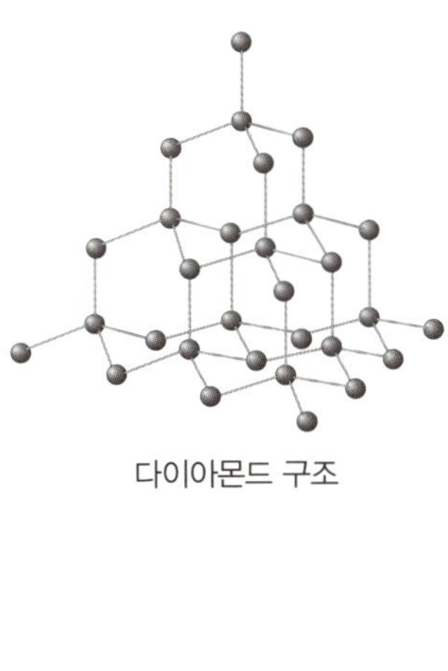

다이아몬드 구조

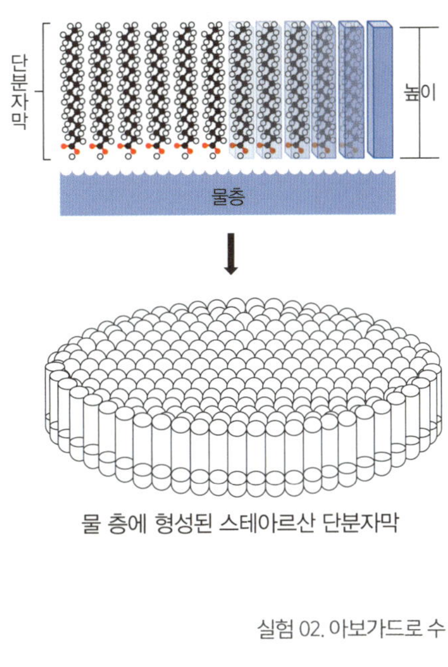

물 층에 형성된 스테아르산 단분자막

☑ 시약 및 기구

시 약

헥세인(hexane), 스테아르산(분자량: 285 g/mol, 밀도: 0.941 g/cm^3) 헥세인 용액(용액 밀도: 0.150 g/L)

기 구

눈금 실린더(10 mL), 피펫, 자(10~50 cm)

☑ 실험방법

실험 A 피펫 교정(피펫 방울의 평균 부피 결정)

피펫을 사용하여 용액을 떨어뜨릴 때, 용액 한 방울의 부피를 결정하고자 한다.

1) 준비한 피펫을 순수한 헥세인으로 한 번 간단히 씻는다.
2) 피펫으로 헥세인을 10 mL 눈금 실린더에 한 방울씩 떨어뜨려 0.5 mL가 될 때까지 몇 방울이 필요한지 센다(피펫을 너무 기울이지 않는다).
3) 이 과정을 3회 반복하여 데이터를 기록한다.

실험 B 단분자막의 부피 측정

1) 비커 위의 시계 접시(watch glass)에 반 정도 차도록 증류수를 가한다.
2) 스테아르산 / 헥세인 용액을 피펫으로 시계 접시에 한 방울씩 떨어뜨린다.
3) 용액 몇 방울 떨어뜨리면 번지면서 바로 사라지고, 원형 기름막이 형성되어 없어지지 않을 때까지 계속 떨어뜨리면서 총 방울 수를 기록한다.
4) 원형 기름막의 지름을 측정한다. 원형이 아닐 경우 대각선 방향의 길이를 몇 가지 측정하여 평균값을 얻는다.
5) 한 번 더 이 과정을 실행하여 평균값을 얻거나 확신이 가는 데이터를 선택한다.

화학개론실험

김건철 지음

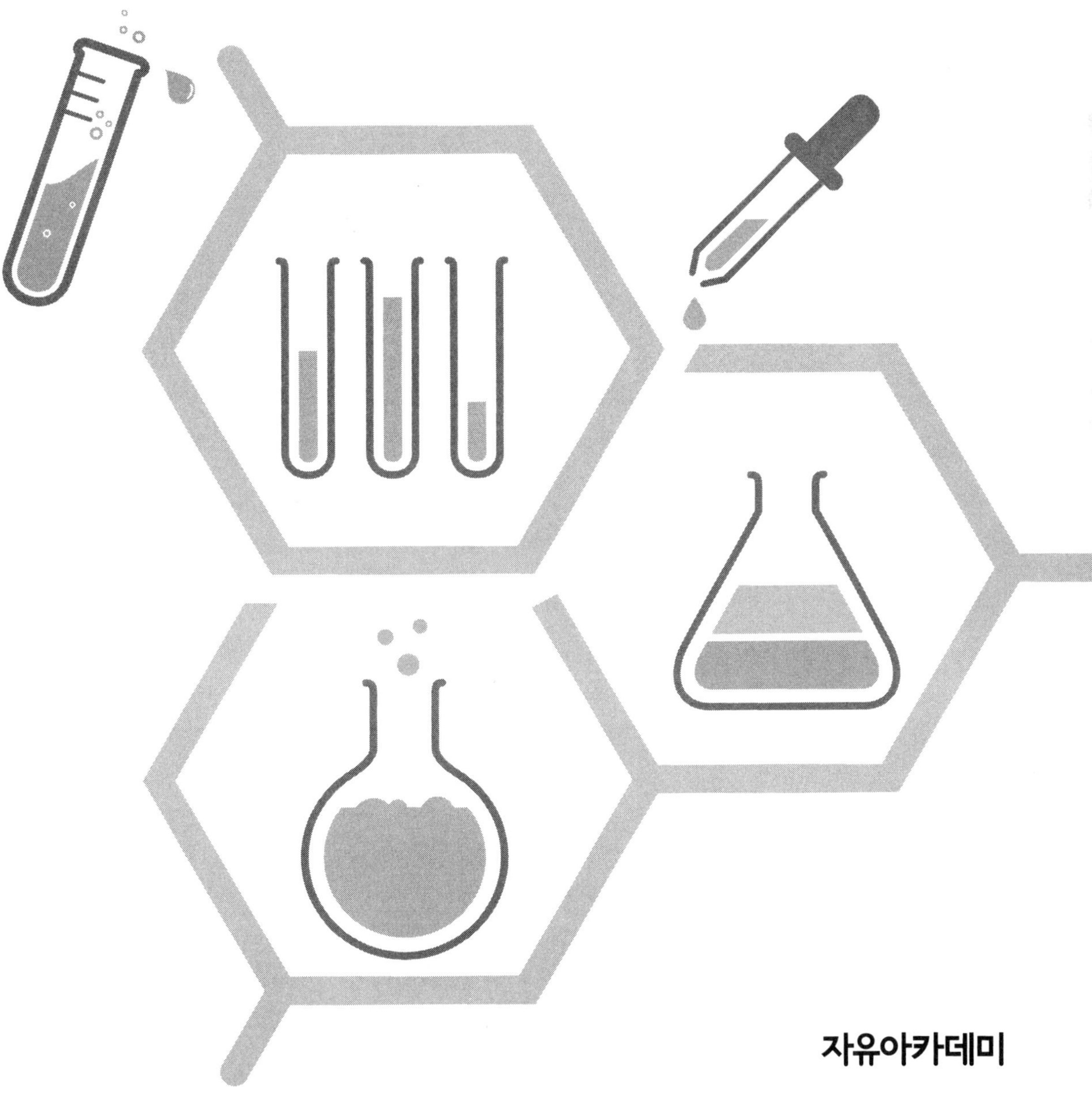

자유아카데미

실험 03 유기물질의 분리 및 정제: TLC에 의한 유기물질의 분리

이 론

1. 크로마토그래피(chromatography)

혼합 시료의 성분들은 섞이지 않는 두 상(정지상, 이동상)에서 서로 다른 농도 평형을 나타낸다. 크로마토그래피란 이러한 차이에 의해서 혼합물을 분리시켜 성분을 확인하고 정량을 수행하는 방법을 말한다.

움직이지 않도록 고정되어 관에 채워져 있는 정지상과 정지상 사이를 통과하여 이동시키는 이동상에 대해서 시료의 성분들은 서로 다른 용해도를 나타내므로, 두 상에서 성분들의 분포 차이가 나타나면서 분리되게 된다. 지난 반세기 동안 다양한 형태의 크로마토그래피 장비가 개발되어 널리 이용됨에 따라, 혼합물 내 성분을 분석하는 가장 대표적인 분석 방법이 되었다.

일반적으로 크로마토그래피는 성분 분석을 목적으로 하는 분석용 크로마토그래피와 다량의 시료들 분리를 목적으로 하는 제조용 크로마토그래피로 구분할 수 있다.

2. 현대 크로마토그래피의 발명

1903년 이후에 식물 생화학을 연구하는 Michael S. Tswett가 연이은 논문을 통해 잎으로부터 엽록소를 분리, 정제하는 흡착 크로마토그래피를 발명하였다. 그는 분리된 띠들이 색을 나타내므로, '색'을 의미하는 그리스어 chromatos와 '쓴다'는 의미의 그리스어 graphein을 합쳐서 chromatography라고 명명하여 처음으로 언급하였다.

1940~50년대에는 마틴(Martin)과 싱(Synge)은 분배 크로마토그래피의 원리와 기초기술을 확립하였고, 이를 통해 현대적인 기체, 액체 크로마토그래피 방법들이 개발되는 계기가 마련되었다. 이들은 이에 대한 공로로 1952년 노벨화학상을 수상하였다.

1960년대까지 탄산 칼슘, 종이 그리고 실리카, 알루미나와 같이 변형하지 않은 고체 입자들을 주로 정지상으로 사용하였고, 대부분 극성 작용기를 지니고 있었다. 이런 방법으로는 극성/비극성 정도 차이가 다양한 많은 유기물질들을 분리하는 데 어려움이 있었다. 이후 마이크로 크기의 고체 지지체(실리카, 알루미나) 표면에 다양한 종류의 작용기(비극성: 옥타데실기(C18), 옥틸기(C8), 극성: 수산화기, 시안기, 아미노기)를 화학적으로 결합시킨 결합형 정지상이 등장하였다. 이 입자들로 채워진 칼럼에 액체를 밀어 넣을 수 있는 고압력 펌프가 개발되면서, 1970년대부터 고성능 액체 크로마토그래피(HPLC)가 널리 사용되게 되었다. 역상(reversed phase) HPLC 방법은 분리 효율

뿐 아니라 이동상으로 주로 물을 사용하므로 친환경적이라는 장점도 있었다.

스타인(Stein)과 무어(Moore) 교수는 이온 교환 크로마토그래피를 이용하여 리보핵산 가수 분해 효소의 아미노산 서열을 분석한 공로로 1972년 노벨화학상을 수상하였다.

3. 크로마토그래피 용어

정지상(stationary phase)은 모세관이나 칼럼 등에 채워져서 고정되어 움직이지 않으면서 용질과 상호작용을 하는 물질이다.

이동상(mobile phase)은 정지상을 통과하면서 이동하는 것을 말하며, 일반적으로 액체, 기체, 초임계 유체를 사용할 수도 있다.

정상 크로마토그래피(normal phase chromatography)는 극성 정지상을 사용하는 크로마토그래피를 말하며, 이동상은 상대적으로 비극성인 것을 사용한다.

역상 크로마토그래피(reversed phasephase chromatography)는 비극성 정지상을 사용하는 크로마토그래피로, 이동상은 상대적으로 극성인 것을 사용한다.

용리(elution)는 크로마토그래피에서 시료 성분이 정지상 및 이동상과 상호작용을 하며 분리되어 유출되는 과정을 말한다.

머무름 시간(retention time)은 분석 성분이 주입되어서 용출될 때까지 걸린 시간(즉 정지상에 머무른 시간)이다.

크로마토그램(chromatogram)은 크로마토그래피 방법에 의해서 분리되어 나오는 물질의 변화를 시간에 따라 나타낸 그래프를 말한다.

4. TLC

유리판, 알루미늄박 등의 지지체상에 균일하게 도포된 미립자 운반체를 정지상으로 하고 적당한 용매를 이동상으로 하여 물질을 전개·분리하는 크로마토그래피를 얇은 층 크로마토그래피(thin-layer chromatography, TLC)라고 한다. 박층 크로마토그래피라고도 하며, 여과지 크로마토그래피와 함께 평면 크로마토그래피로 분류된다.

흡착제로는 사용 목적에 따라 실리카겔, 산화 알루미늄, 섬유소말, 이온 교환 셀룰로스 등이 쓰인다. 이 방법은 전개 시간이 짧고(30~60분) 분리능률이 양호하며, 강산·강염기나 강렬한 시약 등을 발색시약으로 사용할 수 있는 특징을 지니고 있다. 유기 화합물의 분리·정제·정량·순도 검정, 반응이나 대사과정의 추적, 무기 이온 분석 등 응용 범위가 넓다. 전개액이 이동한 거리(용매선)와 개별 시료가 움직인 거리의 비를 R_f 값(머무름 인자, retention factor)이라 부른다. 개별 화합물은 사용하는 전개액에 따라 고유한 R_f 값을 갖는다.

$$R_f = \frac{\text{시료가 이동한 거리}}{\text{용매가 이동한 거리}}$$

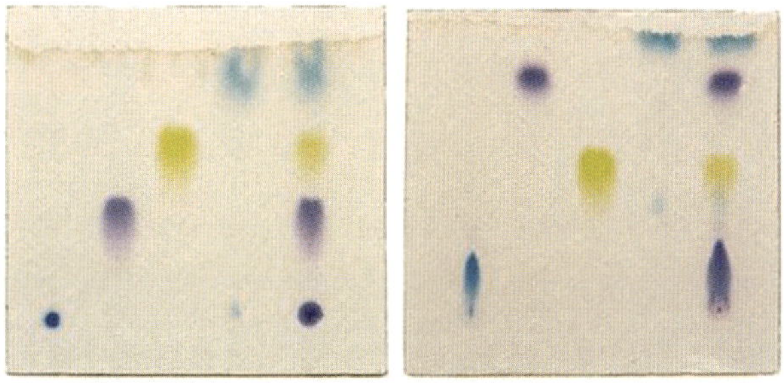

☑ 시약 및 기구

시 약

아세토페논(acetophenone), 벤조산(benzoic acid)

기 구

LC판: 2 cm × 5 cm 크기로 잘라 놓음

※ 실험 테이블 위에서 칼 사용 금지. 가위로 자를 것

실험 A에 필요한 시약을 확인:

전개 용매(Ethyl acetate : Hexane (1 : 4))

아세토페논, 벤조산 시약(2 set)

실험 B에 필요한 시약을 확인:

전개 용매(Dimethyl chloride : Methanol : Ethyl acetate (2 : 2 : 1))

식용색소(2 set) / 미지시료(조교 제조)

☑ 실험방법

실험 A 아세토페논과 벤조산의 분리

1) TLC판에 위아래 0.5 cm 간격으로 연필로 선을 긋는다.
   (시료 전개 시작점과 용매의 총 전개 지점을 표시하기 위해)
2) 모세관으로 아래쪽 선에 아세토페논과 벤조산을 적당한 간격으로 찍는다.
3) 비커에 Ethyl acetate : Hexane(1 : 4)의 전개 용매를 넣는다.
4) 핀셋을 이용해 TLC판을 세우고 시계접시를 덮은 뒤 위쪽 선까지 전개한다.
   ※ 전개액은 휘발성 용매로 구성되어 있다. 용매마다 휘발되는 속도가 다르기 때문에 전개액의 조성이 달라질 수 있으므로 비커를 시계접시로 덮어주어 용매의 휘발을 방지하여야 한다.

5) 핀셋을 이용해 TLC판을 꺼낸 후 UV 램프를 이용해 결과를 확인한다.
6) UV가 흡수된 부분을 연필로 표시 후 R_f 값을 구한다.

실험 B 식용색소의 분리

1) TLC판에 위아래 0.5cm 간격으로 연필로 선을 긋는다.
2) 모세관을 이용해 아래쪽 선에 식용색소를 적당한 간격으로 찍는다.
   ※ 미지시료는 A, B, C 중 두 가지의 시료를 포함하고 있음.
3) Dimethyl chloride : Methanol : Ethyl acetate(2 : 2 : 1)의 전개 용매를 넣는다.
4) 핀셋을 이용해 TLC판을 세우고 시계접시를 덮은 뒤 위쪽 선까지 전개한다.
5) 핀셋을 이용해 TLC판을 꺼낸 후 R_f 값을 구한다.

☑ 실험결과

실험 A

1) TLC를 붙이거나 그림을 그리고 시료 및 이동상의 이동거리를 그려라.

2) R_f 값을 구하라.

	아세토페논(Acetophenone)	벤조산(Benzoic acid)
시료의 이동거리(cm)		
이동상의 이동거리(cm)		
R_f		

3) R_f 값을 통하여 두 물질의 극성도를 비교하여 설명하라.

실험 B

1) TLC를 붙이거나 그림을 그리고 시료 및 이동상의 이동거리를 그려라.

2) R_f 값을 구하라.

	시료A	시료B	시료C	미지시료
시료의 이동거리(cm)				
이동상의 이동거리(cm)				
R_f				

3) R_f 값을 통하여 미지시료가 무엇일지 추측하라.

☑ 질문

1) 실험 A에서 전개제의 비율을 Ethyl acetate : Hexane = 1 : 10으로 Hexane의 비율을 늘려서 전개할 경우 TLC에서 R_f 값은 어떻게 변하겠는가?

2) 이 실험에서 전개 용매의 증발을 막아야 하는 이유는 무엇인가?

3) 이 실험을 통해 혼합물을 구성하는 성분을 확인하였다. 혼합물에 섞여 있는 화합물의 구성비를 측정하는 방법으로 무엇이 가능한가?

4) 유기화합물을 형성하는 결합(H-C, H-O, H-N, S-F, C-O, C-N 등)의 극성도가 차이나는 이유를 논하고 각 결합의 극성도를 비교하라.

5) 다음 분자들이 갖는 극성도와 TLC 기판 위에서의 변화에 대하여 각 질문에 답하라.

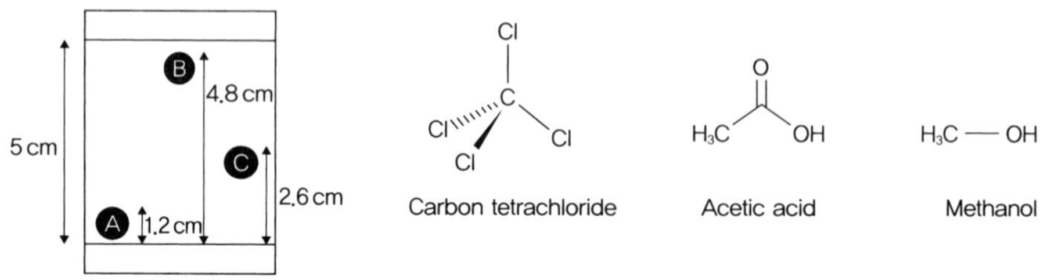

a) 물질 A, B, C의 R_f 값을 각각 구하라.

A :

B :

C :

b) 물질 A, B, C를 극성인 순서대로 나열하고 그 이유를 서술하라.

c) 물질 A, B, C가 위의 세 가지 화합물에 해당한다면 B는 무엇인지 예측하라.

6) 천연물인 탄수화물류와 단백질류를 분리할 때 주로 역상(reversed phase, RP) 크로마토그래피를 사용하는 이유를 설명하라.

실험 04 유기물질의 분리 및 정제: 재결정에 의한 유기물질 정제

이 론

1. 재결정(recrystallization)

재결정(recrystallization)이란 화합물 정제(purification)를 위한 방법 중 하나로, 온도에 따른 용해도 차이가 큰 고체 물질을 높은 온도에서 녹여 포화 용액으로 만든 후, 서서히 냉각시키면서 순수한 고체를 얻는 과정을 말한다.

화합물을 합성할 때 가장 중요한 과정 중의 하나가 정제인데, 정제란 다양한 화합물들이 섞인 혼합물(mixture)에서 우리가 원하는 화합물을 선택적으로 분리(separation)해 얻는 과정을 뜻한다.

고체인 화합물의 정제 방법 중 승화(sublimation)를 비롯해 몇몇 방법이 있지만, 이중 가장 흔히 사용되는 방법이 바로 재결정이다.

2. 재결정의 원리

재결정 과정을 이해하기 위해 먼저 알아야 할 개념이 바로 용액(solution)이다. 정제하고자 하는 고체 상태의 혼합물을 우선 높은 온도에서 해당 물질을 비교적 잘 녹이는 용매(solvent)에 녹여(용해, solvation) 포화 상태의 용액을 만들어야 한다. 이 때문에 재결정 과정에서 적절한 용매를 찾는 일은 매우 중요하다.

용액의 이해와 더불어 용해도(solubility)와 용해도 곡선, 포화 상태, 그리고 용해도 평형에 대한 이해가 필요하다. 높은 온도의 포화된 상태에서 온도를 낮추면 용해도가 감소하고 따라서 용액의 상태는 과포화 상태가 된다. 시간이 지날수록 용질(solute)이 석출되어 용매에 녹지 않은 고체 상태의 화합물을 확인할 수 있고, 이를 여과(filtration) 과정을 통해 용액에서 분리해 내고 건조 과정을 거치면 정제된 화합물을 얻을 수 있다.

재결정은 퀴리(Marie Curie, 1867~1934)가 라듐을 발견하는 과정에서도 중요한 역할을 했다. 우라늄 광석에서 당시에는 미지의 원소였던 라듐을 순수하게 정제하는 과정에서 과량으로 존재하는 같은 2족의 바륨이 계속 따라다니면서 분리를 방해했다. 정제의 최종 단계에서 퀴리는 바륨과 라듐의 염화물을 만들고, $BaCl_2$와 $RaCl_2$의 용해도 차이를 이용해 여러 번 재결정을 거쳐 순수한 라듐을 얻었다.

3. 용해도와 용해도 곡선(solubility curve)

용해도란 주어진 일정량의 용매에 용질이 포화될 때까지 녹아 들어간 용질의 양을 가리키며, 용질이 고체일 때 용매 100 g을 포화 용액으로 만들기 위해 필요한 용질의 양으로 정의한다. 고체의 용해도는 일반적으로 압력의 영향은 거의 받지 않지만, 온도에는 영향을 많이 받다. 일반적으로 온도가 높아질수록 용해도가 증가하는 경향을 보인다. 이유는 대부분의 용해 과정이 흡열 과정이기 때문에 르샤틀리에 원리에 따라 온도가 증가하면 평형이 용해된 상태로 더 이동하기 때문이다.

예를 들어, 염화 소듐(NaCl)의 경우 40℃에서 36.3이란 값을 갖는데 이는 40℃ 증류수 100 g을 염화 소듐 포화 수용액으로 만들기 위해 36.3 g의 NaCl이 필요하다는 것을 나타낸다. 수산화 칼슘($Ca(OH)_2$)의 경우 온도가 증가할수록 용해도가 감소하는 것을 확인할 수 있는데, 이는 곧 수산화 칼슘의 용해 과정이 발열 과정임을 짐작할 수 있다.

유기화합물도 각종의 용매에 의한 용해도가 다르므로 재결정에 합당한 용매 또는 혼합 용매의 선택이 필요하다.

용해도 곡선은 주어진 용매, 용질에 대해 온도에 따라 해당 용질의 용해도를 나타낸 그래프를 가리킨다. 아래 그림처럼 특정 온도에서 용해도 곡선 위의 용질이 녹아있는 용액을 과포화 상태, 용해된 용질의 양이 용해도 곡선 아래에 있는 것을 불포화 용액이라 한다. 용해도 곡선을 이용하면 온도 변화에 따라 용질의 석출량을 예측할 수 있다.

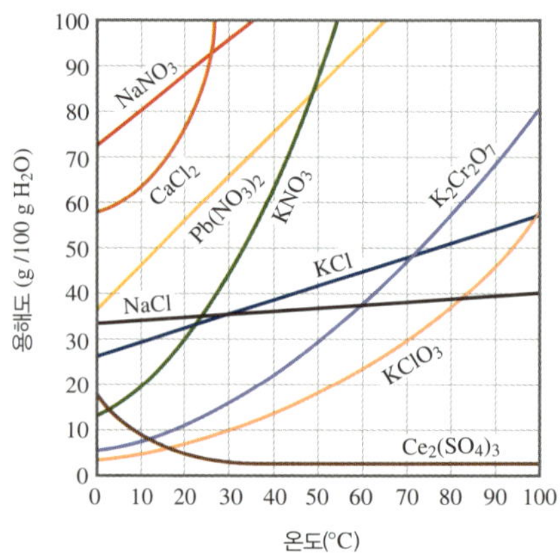

4. 여과를 위한 실험 장비, 뷰흐너 깔때기

재결정은 화합물을 정제하기 위한 과정으로, 이를 완료하기 위해서는 용액에서 결정화된 고체를 분리(separation)하는 과정이 필요하다. 요리를 할 때 채반을 이용해 물에 녹지 않는 작은 크기의 쌀, 조 등의 곡물을 여과해 얻을 수 있듯이, 재결정에서도 채와 유사한 실험 기구를 사용하는데 바로 거름종이(filter paper)와 뷰흐너 깔때기(Büchner funnel)이다.

뷰흐너 깔때기는 감압을 통해 여과 과정을 빠르고 효과적으로 진행할 수 있으며 결정화된 고체는 뷰흐너 깔때기 내 거름종이 위에 걸러지고, 여과액은 뷰흐너 깔때기를 통과하여 가지 달린 삼각 플라스크 용기 안에 모을 수 있다.

(출처: Arpon Pongkasetkam/Shutterstock)

시약 및 기구

시 약

아세트아닐라이드(acetanilide), 나프탈렌(naphthalene)

기 구

비커 2개(100 mL), 거름종이, 뷰흐너 깔때기, 감압 필터 장치, 얼음

실험방법

이번 실험에서 주의할 사항

- 실험 시작 전 오븐을 60℃로 미리 예열해 둔다.
- hot plate 사용 전 비커 바닥에 물기를 닦는다.
- 가열 후 뜨거운 비커를 옮길 때 반드시 면장갑을 착용하여 화상으로부터 보호한다.
- 재결정 시 ice bath에서 10분 정도 기다린다.

아세트아닐라이드와 나프탈렌 정제

1) 아세트아닐라이드(acetanilide), 나프탈렌(naphthalene)을 각각 1.0 g씩 100 mL 비커에 넣는다. 그 후 30 mL 증류수를 넣어준다.
2) 다른 100 mL 비커에 30 mL 증류수를 넣어준다.
3) 유리 막대를 이용해 충분히 혼합한다.
4) 혼합 용액(나프탈렌+아세트아닐라이드)이 담긴 비커에 자석 젓개(stirring bar)를 넣고, 시계접시를 덮은 후 혼합용액을 교반하며 hot plate를 이용해 10분 정도 끓인다. 동시에 증류수만 담은 비커도 같이 가열한다.

5) 거름종이의 무게를 측정한다.

6) 뜨거운 용액의 고체를 감압 여과기를 이용해 거른다.

7) 걸러진 생성물을 60℃ 오븐에서 20분 건조 후 무게를 측정한다.

8) 걸러져 내려진 용액을 다른 비커에 옮긴다. 이때 이미 가열한 증류수를 이용하여 약간씩 씻어준다.

9) 비커를 시계접시로 덮어 ice bath에서 10분 정도 식히며 생성물을 재결정시킨다.

10) 거름종이의 무게를 측정한다.

11) 재결정된 생성물을 감압 여과기를 이용해 거른다.

12) 거름종이에 걸러진 생성물을 차가운 증류수로 2~3회 가볍게 씻어준다.

13) 생성물을 60℃ oven에서 20분 건조 후 무게를 측정한다.

☑ 실험결과

아래의 표에 실험 결과를 단위 포함하여 작성하라.(계산과정을 반드시 작성한다.)

분리와 재결정에 사용한 아세트아닐라이드의 무게	
분리와 재결정에 사용한 나프탈렌의 무게	
실험에서 먼저 얻은 거름종이 + 나프탈렌의 무게	
실험에서 먼저 사용한 거름종이의 무게	
실험에서 나중 얻은 거름종이 + 아세트아닐라이드의 무게	
실험에서 나중 사용한 거름종이의 무게	
측정된 나프탈렌의 무게	
실험에서 얻은 나프탈렌의 수득률	
측정된 아세트아닐라이드의 무게	
실험에서 얻은 아세트아닐라이드의 수득률	

☑ 질문

1) 나프탈렌과 아세트아닐라이드의 수용액에서의 용해도 차이에 대하여 검색하라.

2) 나프탈렌과 아세트아닐라이드의 수용액에서의 대략적인 용해도 곡선을 그려라.

실험 05 고체 혼합물의 순도 측정

☑ 이 론

1. 혼합물의 순도(purity)

순도(purity)는 물질이 얼마만큼 순수한가를 알 수 있는 정도이다. 어떤 물질에서 주 성분이 얼마나 들어있는지를 비율로 나타낸 것이다. 순금이라고 하더라도 조금씩의 불순물이 포함될 수 있다. 순도가 높을수록 물리적 성질이 일정하고 화학적 성질이 일정하다. 간단하게 순도를 측정할 때는 물질의 녹는점과 끓는점을 측정하는 방법으로 알 수 있고 정밀한 순도측정을 요구할 때는 특정의 분석법이나 분광학법 등을 이용할 수 있다.

목적으로 하는 화학성분의 단일성을 주로 비율(%)로 나타낸다. 예를 들면 50.0 g의 물질에 목적하는 성분이 48.3 g 포함되어 있을 때, 그 순도는 (48.3 / 50.0) × 100 = 96.6%가 된다.

이번 실험에서는 혼합물에서 특정 화합물의 구성비를 측정하고자 산-염기 반응을 이용한 적정법을 사용하고자 한다.

2. 적정

적정(titration)은 특정 화학종의 농도를 결정하기 위해 사용하는 정량 분석법(quantitative analysis)의 일종으로 적정법(titrimetry)으로도 불린다. 적정에서는 이미 농도를 알고 있는 표준 용액(standard solution)을 이용하여 미지 농도의 용액 속에 존재하는 용질과 완전히 반응시키기 위해 소모된 표준 용액의 양을 측정함으로써 분석물의 농도를 결정한다.

적정법은 산-염기 중화 반응, 침전 반응, 산화-환원 반응, 착물 형성 반응 등을 주로 이용한다. 적정에 필요한 표준 용액의 부피를 측정하는 경우는 부피 적정법(volumetric titrimetry)이라 하며, 부피 대신 시약의 질량을 측정하는 경우는 무게 적정법(gravimetric titrimetry)이라 한다. 전기량 적정법(coulometric titrimetry)은 분석물과 반응하는 데 소모된 전기량을 측정하는 방법이다. 적정법은 빠르고, 편리하고, 정확하므로 일상적인 분석에서 폭넓게 사용된다.

3. 적정 방법

가장 많이 활용되는 부피 적정법은 이미 농도를 알고 있는 표준 용액(표준 적정 시약(standard titrant)으로도 부름)을 미지 농도의 분석물에 서서히 첨가하여 분석물과 표준 용액 사이의 반응을 완결시킨다. 이때 화학량론적으로 동일한 양을 사용한 당량점(equivalent point)에 이를 때까지 첨가한 표준 용액의 부피를 뷰렛 혹은 부피 측정 장치를 통해 측정하여 분석 물질의 농도를 결정한다. 전형적인 적정 과정은 우선 정확한 부피를 측정한 일정량의 분석물을 비커 혹은 플라스크에 페놀프탈레인(phenolphthalein) 등의 지시약(indicator) 소량(일반적으로 한 두 방울)과 함께 첨가한다. 또한, 표준 용액인 적정 시약은 미리 검정한 뷰렛 혹은 피펫에 채운다. 그 후 적정 시약을 뷰렛으로부터 분석물에 조금씩 떨어뜨려 지시약의 색이 변할 때까지, 즉 종말점(endpoint)에 이를 때까지 가해준다.

페놀프탈레인 염료는 산성 용액에서는 무색이지만 염기성 용액에서는 분홍색이다. 적정이 완료된 후 반응이 종말점에 이를 때까지 소모된 표준 용액의 부피로부터 분석물의 농도를 다음의 식으로부터 계산할 수 있다.

$$Ca = (Ct \cdot Vt \cdot M) / Va$$

여기서 Ca는 분석물의 몰농도, Ct는 적정 시약의 몰농도, Vt는 적정 시약의 부피(단위: 리터), M은 완결된 반응식에서 분석물과 반응물의 몰비, 그리고 Va는 분석물질의 부피(단위: 리터)를 나타낸다.

종말점을 확인하는 데는 여러 방법이 있으나, 가장 간단한 것은 눈으로 확인하는 방법이며, 이것을 시각 적정이라고 한다. 이에는 지시약의 변색을 이용하는 방법(지시약 적정법)과 반응 시약 자체가 변색하는 경우(예를 들면, 과망가니즈산 적정) 등이 있다.

4. 산-염기 적정

산과 염기의 농도를 알고자 할 때 정확한 농도를 알고 있는 염기나 산의 표준 용액으로 중화 반응을 일으켜 그 농도를 결정할 수 있다. 정확한 농도의 산-염기 표준 용액을 제조하기 위하여 일차 표준 물질(primary standard material)을 사용하는데, 이는 순도가 높고 용액을 제조하는 경우 무게 오차가 적어 예상한 농도와 거의 동일한 농도의 용액을 제조할 수 있는 물질을 말한다. 예로 NaOH는 조해성이 있어 무게를 측정하는 과정에서 흡수한 수증기에 의해 무게 오차가 발생한다. 따라서 제조한 NaOH 용액의 농도는 정확하지 않다. 이처럼 대부분의 물질은 보관, 무게 측정 과정 중에 공기와 반응하거나 조성이 변하여 정확한 농도의 용액을 만드는 것이 불가능하다. 따라서 화학적으로 변질되지 않고 순수한 상태로 남아있는 물질(1차 표준 물질)을 이용하여 농도가 정확한 용액을 만들어 적정하면, 조해성이나 공기와의 반응 등으로 인한 농도의 오차를 보정할 수 있다.

중화 반응이 진행되는 과정에서의 수용액의 pH의 변화를 나타낸 곡선을 중화 적정 곡선이라고 한다. 중화 적정 곡선은 산·염기의 세기에 따라서 달라진다. 적정의 종말점을 확인하기 위해서 지시약을 주로 사용하는데, 강한 산과 강한 염기의 중화 반응 경우는 중화점 근처의 pH 변색 범위가 넓어져서 어떤 시약을 사용해도 좋다. 그러나 약한 산과 강한 염기의 중화 반응에서는 중화점에서의 pH가 7보다 커지므로 변색 범위가 8~10인 페놀프탈레인(PP)을 지시약으로 사용한다. 또한 강한 산과 약한 염기의 중화 반응에서는 중화점에서의 pH가 7보다 작으므로 변색 범위가 3.1~4.4인 메틸 오렌지(MO)를 지시약으로 사용한다.

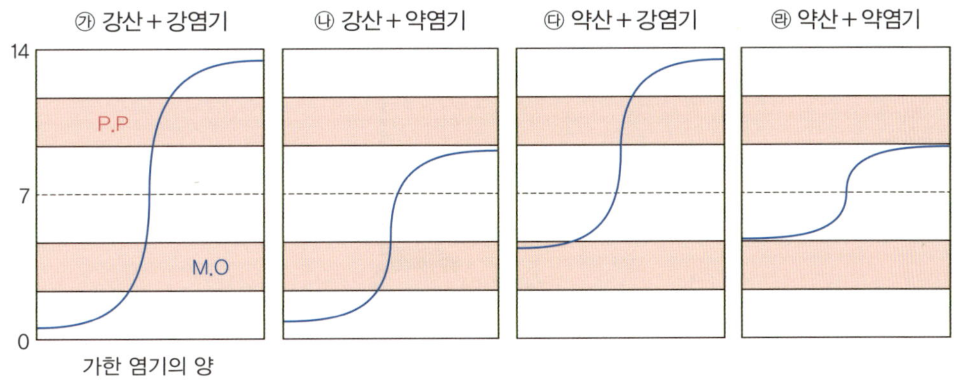

☑ 시약 및 기구

시 약

아세트아닐라이드(acetanilide) : 벤조산(benzoic acid) 혼합물(약 1 : 1~3 : 2), 0.5 *M* 수산화 소듐(NaOH) 표준 용액, 페놀프탈레인 지시약

기 구

삼각 플라스크(250 mL), 뷰렛(25 mL), 스탠드 및 뷰렛 클램프, 자석 젓개

☑ 실험방법

아세트아닐라이드와 벤조산 혼합물 적정

1) 준비된 아세트아닐라이드(acetanilide) : 벤조산(benzoic acid) 혼합물 1 g을 0.00 1g까지 정확하게 무게를 측정한 후 250 mL 삼각 플라스크에 넣는다.
2) 약 50 mL의 증류수를 넣고 약간 흔들어 준 후 자석 젓개를 넣는다.
3) 페놀프탈레인 지시약 2~3방울을 넣고 교반을 서서히 하면서 0.5 *M* 수산화 소듐 표준 용액으로 적정한다. 분홍색이 나타나기 시작하면 수산화 소듐 표준 용액을 조금씩 넣어주면서 잘 저어준다. 분홍색이 20초 이상 지속한 후에 없어지면 수산화 소듐 한 방울을 더 넣어주고 종말점으로 간주한다.

4) 위 실험을 2~3번 반복하여 데이터를 평균하거나, 가장 좋은 데이터를 선택한다.

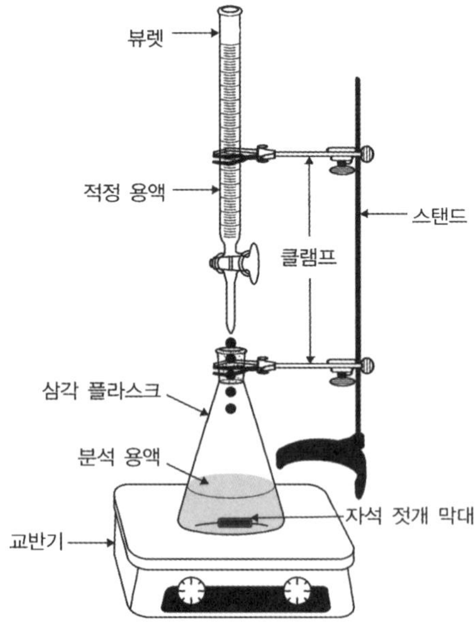

☑ 실험결과

아래의 표에 실험 결과를 단위 포함하여 작성하라. 계산과정을 반드시 포함하고, 데이터를 하나만 선택하는 경우에 평균값을 계산할 필요는 없다.

	예비 적정	본 적정1	본 적정2	(본 적정3)
혼합물의 무게(g)				
NaOH 표준 용액의 농도(*M*)				
소비된 NaOH의 부피(mL)				
소비된 NaOH의 몰수(mol)				
소비된 벤조산의 몰수(mol)				
포함된 벤조산의 질량(g)				
혼합물내 벤조산 순도(%)				
벤조산 순도의 평균(%)				

☑ 질문

1) 벤조산과 수산화 소듐과의 중화 반응으로 얻어지는 염(salt)의 구조를 그려라.

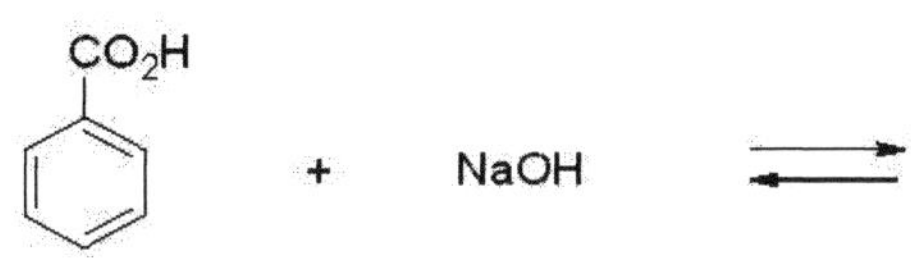

2) 벤조산이 물에 잘 녹지 않음에도 산-염기 적정이 가능한 이유는?

실험 06 고체 혼합물의 추출 분리

이 론

1. 추출

혼합물로부터 한 성분을 선택적인 용해도에 의하여 생긴 분배를 이용하여 분리하는 방법을 추출(extraction)이라고 한다. 유기 화학에서 반응을 중단한(quenching) 후 반응 마무리(work-up) 과정 중에 유기 화합물을 분리하기 위한 대표적인 과정이다. 보통 물 층에 섞여 있는 유기 화합물이 유기 용매에 잘 녹는 성질을 이용하여 유기 용매층으로 유기 화합물을 끌어내는 과정을 일컫는다.

혼합물에서 유기 화합물을 분리하는 방법 중 가장 많은 것이 액체에서 액체를 추출하는 것이다. 추출은 두 섞이지 않은 용매 사이의 용질의 분배를 이용한 것이다. 용질의 분배(distribution)는 정량적으로 분배 계수(distribution coefficient, K)로 표시하는데, 이는 용질 A가 서로 섞이지 않는 용매 S와 S'의 혼합물과 접촉하여 일정한 온도에서 평형에 도달했을 때 두 용매에 포함된 용질 A의 농도의 비율을 나타낸 것이다.

2. 분배 계수

용액(용매1 + 용질)에 섞이지 않는 다른 용매2를 이용하여 추출할 때, 용질은 각각의 용매에 대한 용해도 차이에 따라 두 용매에 일정하게 분산되게 된다. 이때 평형을 이룬 두 용매에서 용질의 농도의 비율은 일정하게 유지되며, 그 농도 비율을 분배 계수(partition coefficeint 또는 distribution coefficient, K)라고 한다.

$$K = \frac{C_2}{C_1} \text{ 또는 } K = \frac{\text{용매 } S \text{ 속에 있는 용질 } A\text{의 농도}}{\text{용매 } S' \text{ 속에 있는 용질 } A\text{의 농도}}$$

예를 들어, $K(C_2 / C_1)$는 10이고, 10 mL의 용매1에 용질이 110 mg 녹아 있다면, 매번 10 mL의 용매2를 이용하여 추출할 경우,

첫 번째 추출 후: 용매2에 100 mg, 용매1에 10 mg

두 번째 추출 후: 용매2에 9 mg, 용매1에 1 mg

으로 분배되어, 두 번 추출 후 용매2에 총 109 mg, 용매1에 1 mg 분포하게 된다.

반면에, 20 mL의 용매2를 이용하여 한 번 추출할 경우 $(110-x)$ mg만큼 용매2로 추출된다고 가정하면,

$$K = C_2 / C_1 = 10 = [(110 - x) / 20 \text{ mL}] / [x / 10 \text{ mL}]$$

와 같이 쓸 수 있다. 이를 계산하면, x = 5.23 mg, 즉 5.23 mg이 용매1에 남게 된다.

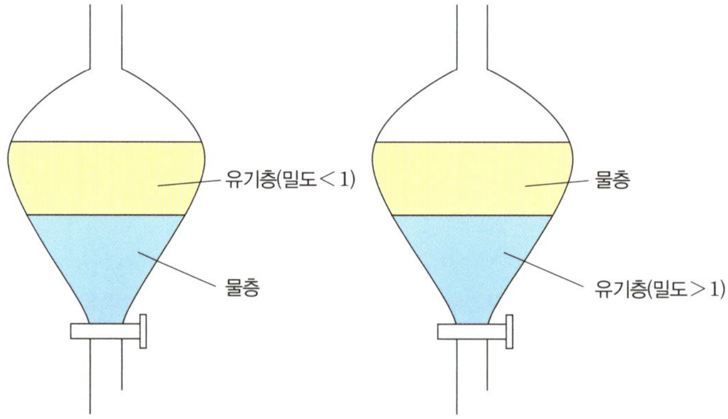

3. 추출 방법

(1) 액체-액체 추출

1) 물로 반응을 중단한 반응 혼합물을 분별 깔때기에 넣는다(반응 용매로 메탄올이나 에탄올 등 물과 잘 섞이는 용매를 사용한 경우에는 용매를 어느 정도 제거해주는 것이 좋다).
2) 원하는 유기 용매를 분별 깔때기에 넣은 후 뚜껑을 닫고 세차게 두세 번 흔들어주며 발생하는 가스를 콕을 이용하여 제거해준다.
3) 뚜껑을 제거한 분별 깔때기를 깔때기 거치대에 놓고 층이 분리되기를 기다린다(층이 잘 분리되지 않을 경우에는 반응 혼합물을 거름종이에 여과하면 층 분리에 도움이 된다).
4) 물보다 무거운 유기 용매를 사용한 경우에는 콕을 이용하여 아래층의 유기 용매를 삼각 플라스크에 모은다.
5) 물보다 가벼운 유기 용매인 경우에는 물층을 받아 내고, 그 다음 위층의 유기 용매를 삼각 플라스크에 모은다.
6) 이러한 과정을 보통 두세 번 반복한다(한 번에 90%의 유기물이 추출된다고 가정하면, 두 번 반복할 경우 99%, 세 번 반복할 경우 99.9%가 추출될 것이다. 따라서, 추출을 효율적으로 하기 위해서는 용매의 부피를 많이 이용하는 것보다 횟수를 늘리는 것이 좋다).
7) 모아 놓은 유기 용매 중의 물 제거를 위해 우선 포화된 염화 소듐(Nacl) 수용액으로 씻어 준다.
8) 무수 황산 마그네슘(magnesium sulfate)이나 무수 황산 소듐(sodium sulfate) 등의 건조제를 이용하여 유기 용매에 잔존하는 물을 제거한다(산성 조건에서 불안정한 화합물의 경우에는 황산 소듐을 사용한다).

9) 건조제 제거를 위해 여과해준다.

(2) 산-염기 추출(acid-base extraction)

액체-액체 추출 방법 중의 하나이며 산 또는 염기 화합물의 분리를 위해 사용하는 방법이다. 알칼로이드와 같은 천연물의 분리 시 사용되나, 유사한 산이나 염기를 분리할 수는 없다.

예를 들어, 중성 유기 화합물인 아세트아닐라이드와 벤조산의 혼합물이 유기 용매에 녹아 있을 때, 염기인 수산화 소듐(sodium hydroxide) 수용액으로 추출하면 벤조산은 벤조산 소듐(sodium benzoate) 염이 되어 물에 녹고 아세트아닐라이드는 유기 용매에 녹아 있을 것이다. 이 물층에 다시 강산인 염산을 가해주고 유기 용매로 추출하면 벤조산을 분리할 수 있다.

☑ 시약 및 기구

시 약

아세트아닐라이드(acetanilide) : 벤조산(benzoic acid) 혼합물(실험 5에서 사용한 혼합물을 사용, 약 1 : 1~3 : 2), 0.5 *M* 수산화 소듐(NaOH)

기 구

비커, 뷰흐너 깔때기, 거름종이, m.p tube, 감압 플라스크

☑ 실험방법

아세트아닐라이드의 분리

1) 준비된(실험 5에서 사용한) 벤조산(benzoic acid) + 아세트아닐라이드(acetanilide) 혼합물 2.0 g을 100 mL 비커에 넣는다.
2) 비커 혼합물에 30 mL 증류수를 넣는다.
3) 벤조산(benzoic acid)을 중화시키기 위해 전 시험에서 측정된 벤조산(benzoic acid) 양의 1.5 mol배의 NaOH(mw = 40.0 g/mol) 양을 계산하여 넣어 준다.
4) 유리 막대를 이용해 충분히 혼합한다.
5) pH paper를 이용해 짙은 남색(염기성)임을 확인한다. (* pH가 염기성이 아니라면 NaOH를 몇 알 더 넣어준다.)
6) 혼합 용액(benzoic acid + acetanilide + NaOH)이 담긴 비커에 자석 젓개를 넣고, 시계 접시를 덮은 후 혼합용액을 교반하며 hot plate를 이용해 10분 정도 끓인다. (* 녹지 않는

고체 시료가 있다면 NaOH를 몇 알 더 넣어준다.)

7) 비커를 시계접시로 덮어 ice bath에서 10분 정도 식히며 생성물을 재결정시킨다.

8) 거름종이의 무게를 측정한다.

9) 재결정된 생성물을 감압 여과기를 이용해 거른다.

10) 거른 용액은 다음 실험을 위하여 보관한다.

11) 거름종이에 걸러진 생성물을 차가운 증류수로 2~3회 가볍게 씻어준다.

12) 생성물을 60℃ oven에서 10분 건조 후 무게를 측정한다.

☑ 실험결과

실험 결과를 아래의 표에 실험 결과를 단위 포함하여 작성하라.

실험 A에서 사용한 아세트아닐라이드 무게	
실험 A에서 얻은 거름종이 + 아세트아닐라이드 무게	
실험 A에서 사용한 거름종이의 무게	
실험 A에서 얻은 아세트아닐라이드의 무게	
실험 A에서 얻은 아세트아닐라이드의 수득률	
분리와 재결정에 사용한 벤조산의 무게	
벤조산을 중화시키는데 필요한 NaOH의 무게	

☑ 질문

1) 혼합물을 분리하는 대표적인 방법으로 재결정, 추출, 크로마토그래피, 증류가 있다. 각각의 차이점과 장점을 비교하라.

2) 온도에 따른 용해도의 차이를 이용한 재결정 방법과 pH에 따른 용해도의 차이를 이용한 재결정 방법을 설명하라.

실험 07

고체 혼합물의 분리 및 정제

시약 및 기구

시 약

아세트아닐라이드(acetanilide) : 벤조산(benzoic acid) 혼합물(실험 5에서 사용한 혼합물을 사용, 약 1 : 1~3 : 2), 0.5 *M* 수산화 소듐(NaOH)

기 구

비커, 뷰흐너 깔때기, 거름종이, m.p tube, 감압 플라스크

실험방법

벤조산의 분리와 재결정

1) 실험 6에서 얻은 거른 용액에 5 M HCl 수용액 약 3~4 mL를 첨가한다.
2) pH paper를 이용해 빨간색(산성)임을 확인한다.
3) 용액이 담긴 비커를 시계접시로 덮어준 후, hot plate를 이용해 10분 정도 끓인다.
4) 비커를 시계접시로 덮어 ice bath에서 10분 정도 식히며 생성물을 재결정시킨다.
5) 거름종이의 무게를 측정한다.
6) 재결정된 생성물을 감압 여과기를 이용해 거른다.
7) 거름종이에 걸러진 생성물을 차가운 증류수로 2~3회 가볍게 씻어준다.
8) 생성물을 60℃ oven에서 10분 건조 후 무게를 측정한다.
9) 실험 6 및 이번 실험에서 얻어진 아세트아닐라이드(acetanilide)와 벤조산(benzoic acid)의 m.p.를 측정한다.

☑ 실험결과

실험 결과를 아래의 표에 실험 결과를 단위 포함하여 작성하라.

분리와 재결정에 사용한 벤조산의 무게	
벤조산을 중화시키는데 필요한 NaOH의 무게	
실험 B에 첨가한 HCl 수용액의 부피	
실험 B에서 얻은 거름종이 + 벤조산의 무게	
실험 B에서 사용한 거름종이의 무게	
실험 B에서 얻은 벤조산의 무게	
실험 B에서 얻은 벤조산의 수득률	
재결정한 아세트아닐라이드 m.p.	
재결정한 벤조산 m.p.	

☑ 질문

실험 전체에 관련된 실험 과정에 합당한 화합물 구조를 그려라.

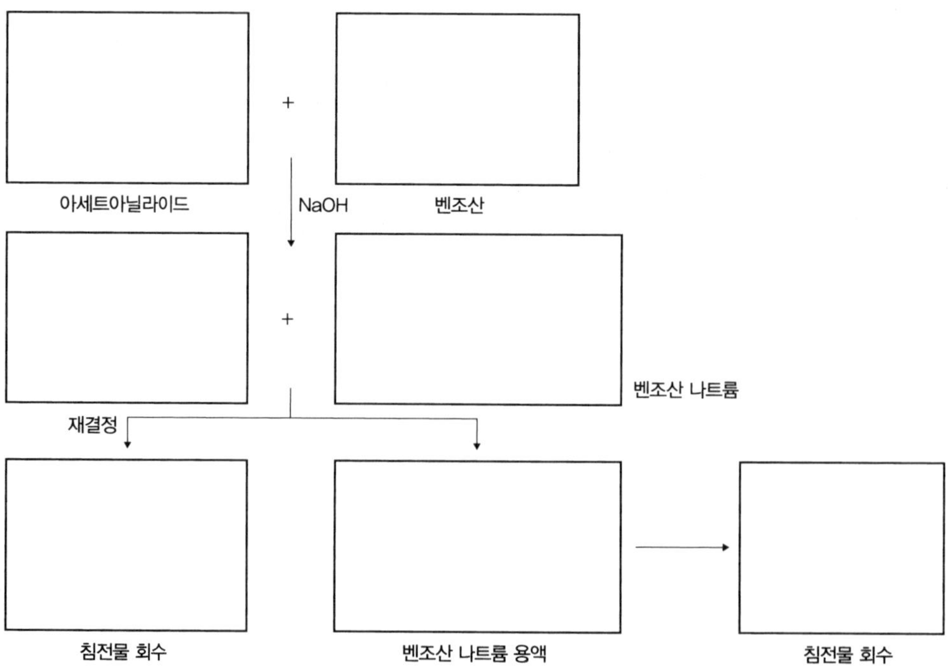

실험 08 의약품 합성: 아스피린

☑ 이 론

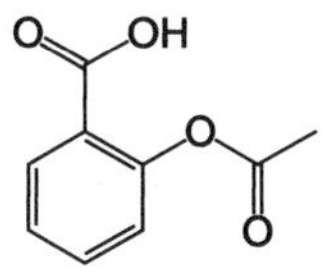

아스피린 구조

전구약물(prodrug)인 아스피린(aspirin)의 주성분은 아세틸살리실산(acetylsalicylic acid)이며, 살리실산(salicylic acid)의 2번 위치에 있는 하이드록시가 아세톡시(acetoxy; $OCOCH_3$)로 치환된 화합물이다. 전 세계에서 가장 많이 사용되는 약물 중 하나이며 진통제, 해열제, 항염증제, 항응고제로 사용되는 바이엘(Bayer)사의 상품명이다.

일반적으로 아스피린은 약물 이름으로도 사용되고, 아세틸살리실산을 뜻하기도 한다. 알파벳 'a'는 아세틸, 'spir'는 조팝나무(*Spiraea ulmaria*; meadowsweet; 조팝나무로부터 다양한 살리실산 유도체들이 발견됨), 'in'은 바이엘사 제품에 붙이던 접미사가 조합되어 아스피린이라는 이름이 만들어졌다.

1. 구조 및 특성

아스피린은 벤조산(benzoic acid)의 2번 위치에 아세톡시가 치환된 구조이며, 살리실산(2-hydroxybenzoic acid)을 모핵으로 보면 하이드록시기가 아세톡시(acetoxy; $OCOCH_3$)기로 치환된 화합물이다.

살리실산의 경우 해리된 카복실레이트(carboxylate)의 산소와 2번 위치에 있는 하이드록시기의 수소가 분자 내 수소 결합(intramolecular hydrogen bonding)을 하기 때문에 카복실레이트를 안정화시킬 수 있고, 반면에 아스피린은 하이드록시가 아세톡시로 치환되어서 분자 내 수소 결합이 불가능하다. 이러한 차이로 인해 아스피린(pKa = 3.5)은 살리실산(pKa = 2.97) 대비 조금 더 약한 산성을 나타낸다. 아스피린의 아세톡

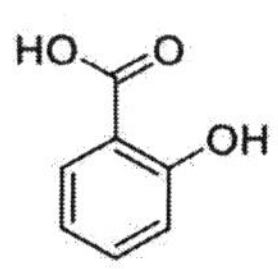

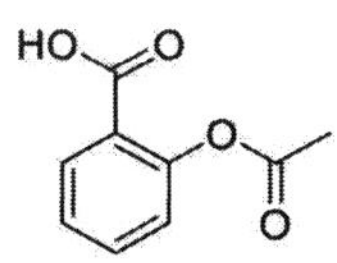

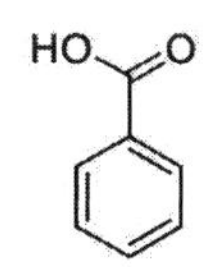

	살리실산	아스피린	벤조산
pKa	3.5	2.97	4.20

시기는 약한 전자 끌개(electron-withdrawing)로 작용하여 벤젠 고리의 전자 밀도를 감소시키면서 해리된 카복실레이트를 안정화시키며 따라서 벤조산(p*Ka* = 4.20)보다 약간 더 산성을 띤다.

2. 역사

기원전 2500년 이전부터 버드나무 껍질이나 잎을 씹으면 진통 및 해열 효과가 있다고 알려져 있었다. 그 이유는 버드나무로부터 나오는 살리신(salicin)이라는 물질이 체내에서 대사가 일어나 살리실산으로 바뀌는데 이 물질이 진통 및 해열 작용을 일으키기 때문이다.

19세기에 이르러 살리실산의 효과가 오래 지속되게 하고 부작용을 줄이기 위한 연구를 진행한 결과, 1828년에 독일 약사 요한 뷰흐너(Johann Andreas Büchner)는 삶은 버드나무 껍질로부터 노란색 물질을 처음 얻었고, 라틴어로 버드나무(salix)에 유도체를 뜻하는 in을 붙여 살리신(salicin)이라고 이름 지었다. 마침내 1853년에 프랑스 화학자인 찰스 게르하르트(Charles Frédéric Gerhardt)는 순도가 높지는 않았지만 최초로 아세틸살리실산을 합성하였다.

이후 1897년에 독일 바이엘(Bayer)사의 펠릭스 호프만(Felix Hoffmann)이 조팝나무 껍질 추출물 연구를 통하여 순도 높은 아세틸살리실산 합성법을 개발했다. 1899년 1월에 바이엘사에서는 분말 형태의 아세틸살리실산을 아스피린이라 이름 짓고, 1899년 7월에 처음으로 진통 및 해열제로 판매를 시작했다. 최초의 합성 의약품인 아스피린은 1950년에는 가장 많이 판매되는 약으로 기네스북에 등재되기도 했다.

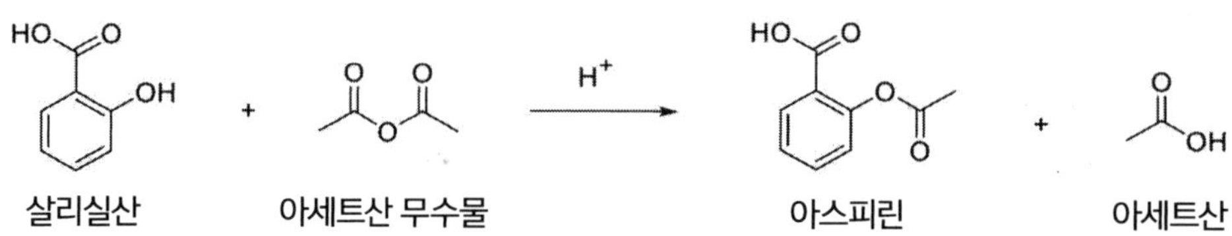

☑ 시약 및 기구

시 약

살리실산(salicylic acid), 아세트산 무수물(acetic anhydride), 85% 인산(phosphoric acid), 헥세인(hexane), 얼음

기 구

물중탕, 가열판, 삼각 플라스크(50 mL), 비커, 유리 막대, 스탠드, 클램프, 눈금 실린더, 감압 거름장치, 시계 접시, 온도계, 거름종이

☑ 실험방법

이번 실험에서 주의할 사항
• 아세트산 무수물은 코를 찌르는 식초 냄새가 나므로 직접 흡입하지 않도록 주의한다. • 과량의 아세트산 무수물에 물을 가하여 분해시키면 뜨거운 증기가 발생하므로 화상에 주의한다. • 합성한 아스피린은 순수하지 않으므로 절대 복용하지 말아야 한다. • 스탠드에 설치된 클램프(집게)의 금속 부분은 물중탕 과정에서 가열되므로, 이에 대한 화상에 주의한다. • 가열판의 전선이 열에 의해 녹지 않도록 가열판과 전선이 닿지 않게 주의한다. • 가열된 물에 의한 화상에 주의한다.

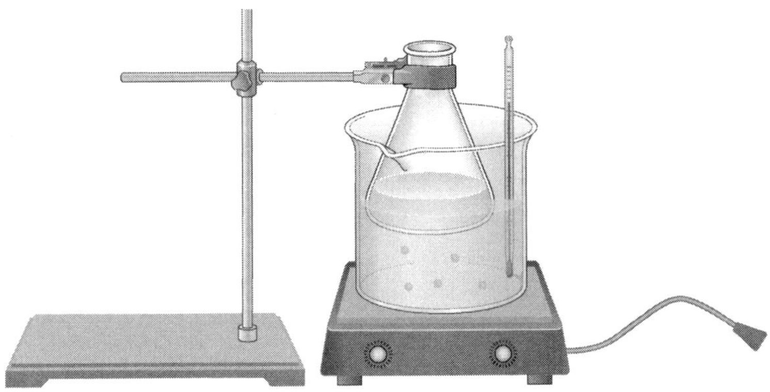

그림 아스피린 합성 장치

1) 물중탕 장치를 준비한다.
   - Hot plate 사용법 : MAX 온도의 80%(300℃ or 6~7단계) 물의 양은 water bath 부피의 1/3로 조절, 온도는 70~85℃로 유지한다.
2) 50 mL 삼각 플라스크를 저울에 올리고 영점을 맞춘 후 살리실산 약 2.5 g을 넣는다(살리실산의 정확한 무게를 기록한다).
3) 다시 저울의 영점을 맞추고, 삼각 플라스크에 아세트산 무수물 3 mL를 일회용 스포이드(1 mL)를 이용하여 넣어준다(아세트산 무수물의 정확한 무게를 기록한다).
4) 85% 인산 3~4방울을 넣어 주고 70~85℃로 유지하여 10분간 가열하면 반응이 완결된다.
5) 이 용액에 증류수 2 mL를 조심스럽게 넣어서 반응하지 않고 남아있는 아세트산 무수물을 분해시킨다. 아세트산 무수물이 분해되는 동안에 아세트산 증기가 발생하므로 실험실이 잘 환기되도록 한다.
6) 아세트산 증기가 더 이상 발생하지 않으면 삼각 플라스크를 물중탕에서 꺼내 증류수 20 mL를 넣어주고 물을 이용하여 냉각시킨다.(10분)
7) 감압 여과에 사용할 거름종이 무게를 측정한다.

8) 생성된 결정을 감압 여과기로 걸러낸 후 생성물을 water bottle을 이용하여 증류수로 씻어준 후, 오븐에서 30분 이상 말린다.

9) (거름종이+반응물)의 무게를 측정한다.

☑ 실험결과

화합물	분자량(g/mol)
살리실산	
아세트산 무수물	
아스피린	

실험 결과를 아래의 표에 실험 결과를 단위 포함하여 작성하라.

사용한 살리실산의 무게	g
사용한 아세트산 무수물의 부피	mL
사용한 아세트산 무수물의 무게 (d=1.08 g/mL)	g
얻은 아스피린의 무게	g
아스피린의 이론적 수득량	g
수득률(%)	%

☑ 질문

1) 이 실험의 한계 시약은 무엇인가?

- 살리실산 몰수:
- 아세트산 무수물 몰수:

2) 아세트 작용기를 도입하고자 할 때 아세트산이 아닌 아세트산 무수물을 사용하는 이유를 서술하시오.

실험 09

의약품 아스피린 순도 측정

이 론

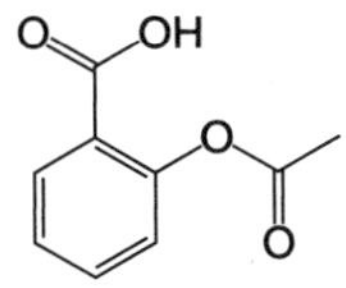

아스피린 구조

전구약물(prodrug)인 아스피린(aspirin)의 주성분은 아세틸살리실산(acetylsalicylic acid)이며, 살리실산(salicyclic acid)의 2번 위치에 있는 하이드록시가 아세톡시(acetoxy; $OCOCH_3$)로 치환된 화합물이다.

감기 등으로 열이 나거나 통증을 느낄 때 약국 등에서 의약품으로 팔고 있는 아스피린을 구입하여 복용한다. 실제로 이 의약품에는 순수한 아스피린은 소량 포함되어 있고 대부분은 부형제로 복용 후에 우리 몸에 효과적으로 흡수되어 의약 효능을 발휘할 수 있도록 돕는 물질이 함께 포함되어 있다.

1. 구조 및 특성

아스피린은 벤조산(benzoic acid)의 2번 위치에 아세톡시가 치환된 구조이며, 살리실산(2-hydroxybenzoic acid)을 모핵으로 보면 하이드록시기가 아세톡시(acetoxy; $OCOCH_3$)기로 치환된 화합물이다.

아스피린(pKa = 3.5)은 카복실산(-COOH) 작용기를 포함하고 있어 산성을 나타내며 약한 산성을 보인다.

2. 산-염기 정의

가장 기본적인 산-염기 정의는 스웨덴의 화학자 아레니우스(Svante Arrhenius, 1859~1927)에 의해 제안되었다. 아레니우스는 이온의 개념에서 산-염기에 접근하여 수용액 상태에서 수소 이온(양성자 또는 하이드로늄 이온, H^+ 또는 H_3O^+)을 내놓는 물질을 산으로 정의하고, 수산화 이온(OH^-)을 내놓는 물질을 염기로 정의하였다.

이후 덴마크의 화학자 브뢴스테드와 영국의 화학자 로우리가 독자적으로 산-염기에 대한 이론을 발표하였는데, 이를 종합하여 브뢴스테드-로우리 산-염기(Brønsted-Lowry acid-base) 정의라고 한다. 이에 따르면 산(acid)은 양성자(H^+: proton) 주개(donor), 염기(base)는 양성자(H^+: proton) 받개(acceptor)이다.

미국의 화학자 루이스(Lewis)는 더 확장된 산-염기 정의를 발표하였다. 이에 따르면 산은 전자쌍(electoron pair) 받개(acceptor)로, 염기는 전자쌍(electoron pair) 주개(donor)로 거동하는 화학종이다.

3. 당량점과 종말점

적정(titration)을 통해 얻고자 하는 이상적인 값(이론적인 값)을 당량점이라고 한다. 실제 적정에서 측정한 결과값은 종말점으로, 용액의 물리적·화학적 성질이 갑자기 변하는 지점이다. 당량점과 종말점은 일치할 수 없다. 지시약 자체가 약산이거나 약염기이기 때문에 많이 넣으면 당량점을 정확하게 알 수 없다. 관찰되는 종말점과 참 당량점과의 차이를 지시약 오차라 하는데 지시약은 그 변색 범위가 적정 곡선의 급경사 부분에 가능한 밀접하게 중첩하는 것이 바람직하다. 만약 지시약을 많이 가하였을 경우 당량점에서의 색 변화를 빠른 시간 내에 포착할 수 없어서 지시약 오차를 유발할 수 있다.

약산을 강염기로 적정할 때 당량점에서 pH가 7보다 큰 이유는 중화 반응으로 생성된 염이 수용액 중에서 다시 OH^-를 내놓기 때문이다.

$$CH_3COO^- + H_2O \rightleftharpoons CH_3COOH + OH^-$$

4. 아스피린 적정 실험 원리

산과 염기는 우리 일상생활과 밀접한 관계를 가지고 있다. 식초의 신맛을 내는 성분은 약한 산인 아세트산이고 감기약으로 복용하는 아스피린은 살리실산 아세틸이라는 약한 산성 물질이다. 이들의 산-염기 중화 반응은 아래와 같다.

식초: $CH_3COOH + NaOH \rightleftharpoons CH_3COONa + H_2O$

아스피린: $C_6H_4(OCOCH_3)COOH + NaOH \rightleftharpoons C_6H_4(OCOCH_3)COONa + H_2O$

이들의 산-염기 반응은 1 : 1의 몰수로 반응하므로 당량점에서 분석 물질의 몰수는 가해준 표준 용액의 몰수와 같다.

$$NV = N'V'$$

위의 관계식으로 분석 물질의 몰수와 질량을 구하고, 순도를 계산할 수 있다.

☑ 시약 및 기구

시 약

아스피린(시중 구매용), 0.5 M NaOH 표준 용액, 페놀프탈레인 지시약

기 구

저울, 가열판, 삼각 플라스크(50 혹은 100 mL), 비커(100 mL), 스탠드, 클램프, 눈금 실린더(100 mL)

☑ 실험방법

이번 실험에서 주의할 사항

- 적정할 때 삼각 플라스크와 뷰렛의 끝부분이 부딪히면 쉽게 깨질 수 있으므로 조심한다.
- 뷰렛 사용 후 반드시 깨끗하게 세척하고, 콕을 열어둔 상태에서 물속에 담가 놓던가 뒤집어서 콕을 열어둔 상태에서 스탠드에 고정한다.

1) 아스피린 0.5 g을 정확하게 취해서 100 mL 삼각 플라스크에 넣는다.
2) 약 50 mL의 증류수를 넣고 아스피린이 완전히 녹도록 흔들어 준다.(잘 녹지 않으므로 가열기로 용액을 60~70℃ 정도로 가열한다. 완전히 녹이지 않아도 실험에 지장은 없다.)
3) 페놀프탈레인 지시약 2~3방울을 넣고 0.5 M 수산화 소듐(NaOH) 용액으로 적정한다.
4) 페놀프탈레인의 분홍색이 나타나기 시작하면 수산화 소듐 용액을 조금씩 넣어주면서 용액을 잘 저어준다. 분홍색이 30초 이상 지속된 후 없어지면 수산화 소듐 한 방울을 더 넣어준다. 만약 색이 변하지 않으면 수산화 소듐 한 방울을 넣기 전의 부피를 종말점으로 간주한다.
5) 실험을 2~3번 반복하여 평균값을 구하거나 가장 확실한 값을 선택한다.

☑ 실험결과

화합물	값
아스피린 무게	
아스피린 분자량	

실험 결과를 아래의 표에 실험 결과를 단위를 포함하여 작성하라.

	1회	2회
아스피린의 무게		
NaOH 표준 용액의 농도		
소비된 NaOH의 부피		
소비된 NaOH의 몰수		
아스피린의 몰 수		
아스피린의 질량		
순도		

☑ 질문

1) 실험 과정에서 페놀프탈레인 지시약을 적은 양인 2~3방울만 사용하는 이유는 무엇인가?

실험 10

킬레이트 화합물 합성

이 론

1. 배위 결합, 착화합물, 리간드

(1) 배위 결합

배위 결합(coordinate(covalent) bond)이란 루이스 산(Lewis acid)과 루이스 염기(Lewis base)가 반응하여 루이스 첨가 생성물을 생성할 때, 결합에 참여하는 공유 전자(shared electrons)가 한쪽의 원자에 일방적으로 제공되면서 생기는 결합을 말한다. 배위(coordination)는 중심 원자 주위의 리간드(ligand)의 수를 설명하기 위해서도 사용되며 반드시 2-전자 결합만을 의미하지는 않는다.

(2) 착화합물

배위 결합을 하는 루이스 첨가 생성물을 배위 착화합물(coordination complex)이라 한다. 배위 착화합물은 일반적으로 배위 중심(coordination center)이라 불리는 금속 원자 이온과 주위에 리간드(ligand) 혹은 착화제(complexing agent)로 불리는 분자 또는 이온으로 이루어진다. 전이 금속의 양이온과 분자 혹은 이온과의 배위 결합은 물에 용해되어도 결합이 끊어지지 않는다.

(3) 리간드

착화합물에서 중심 금속 이온과 배위 결합하고 있는 분자나 이온을 리간드라고 하며, 리간드의 수를 배위수(coordination number)라고 한다. 리간드의 종류에 따라 중심 금속과 한 개 이상의 결합을 형성할 수 있으며 이에 따라 리간드의 자리 수가 결정된다. 한 개의 결합을 형성하면 한자리(monodentate) 리간드, 두 개면 두자리(bidentate), 세 개면 세자리(tridentate), 그 이상이면 여러 자리(multidentate 혹은 polydentate) 리간드라고 하며 두자리 이상의 리간드를 킬레이트(chelate)라고 한다. 착화합물의 구조는 일반적으로 배위수(coordination number)와 리간드의 종류 및 크기 등 다양한 요인에 따라 결정되는데, 배위수가 2이면 선형 구조, 3이면 삼각형 구조, 4이면 평면 사각형이나 정사면체 혹은 삼각 피라미드 구조, 5이면 삼각 쌍뿔이나 사각 피라미드 구조, 6이면 주로 팔면체 구조를 갖는다.

2. 킬레이트, 킬레이트 리간드

(1) 킬레이트

전이 금속 원자나 이온은 대부분 하나 이상의 리간드와 결합한다. 만일 리간드 한 분자 안에 여러 개의 주개 원자가 있으면, 중심 금속을 감싸는 모양의 배위 결합을 동시에 만들 수 있다. 이런 여러 자리(multidentate 혹은 polydentate) 리간드의 금속 착화합물을 킬레이트(chelate)라고 부른다.

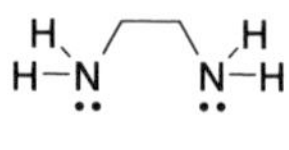

ethylenediamine (en)

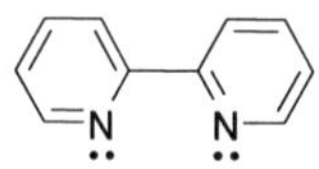

bipyridyl (bpy)

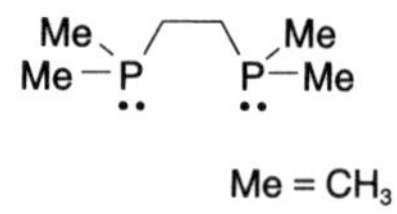

1, 2-bis (dimethylphosphino) ethane(dmpe)

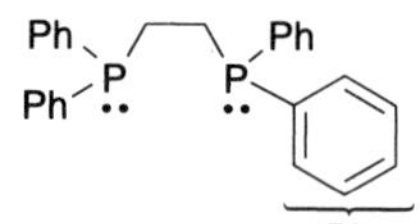

1, 2-bis (diphenylphosphino) ethane(dppe) or diphos

중성 두자리(bidentate) 리간드

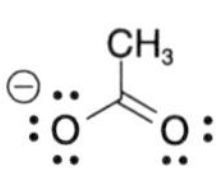

acetate (OAc)

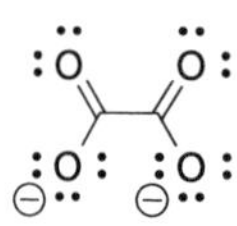

oxalate (OX)

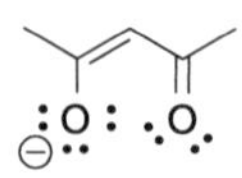

acetylacetonate (acac)

음이온 두자리(bidentate) 리간드

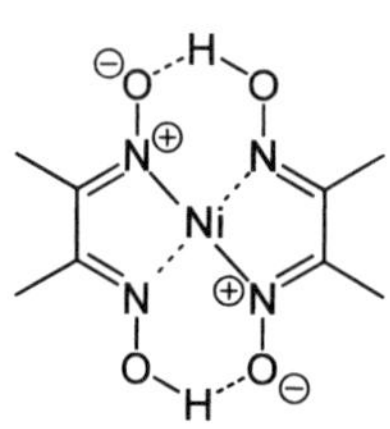

$Ni(DMG)_2$

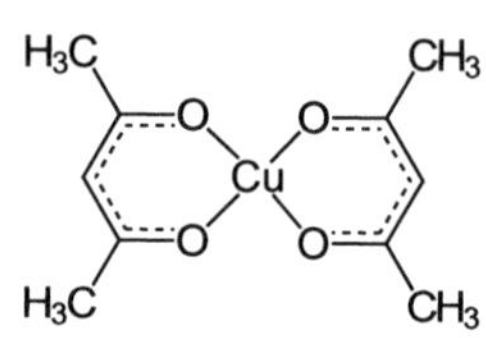

$Cu(acac)_2$

여러 자리 리간드

(2) 킬레이트 리간드

킬레이트 리간드는 주개 원자의 종류, 개수, 그리고 분자의 모양(선형, 가지형, 거대 고리형 등)에 따라서 아래 그림과 같이 다양한 형태를 보인다. 여러 자리 리간드로 분자의 크기가 커지고 구조가 복잡해지더라도 인접한 주개 원자와 금속 중심이 만드는 킬레이트 고리는 구조적으로 안정한 5각 아니면 6각으로 유지되는 것이 좋다.

3. Cr(acac)$_3$

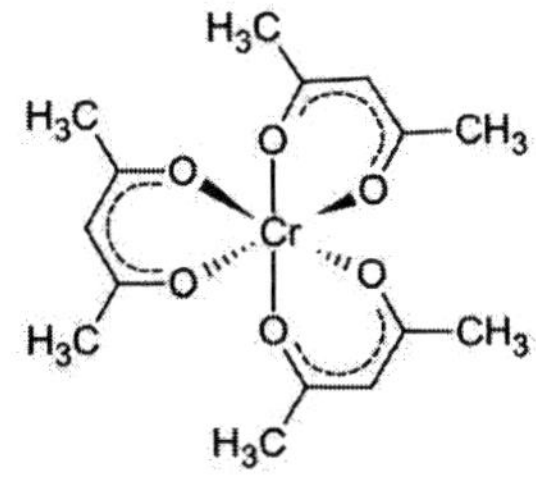

Cr(acac)$_3$ 정팔면체 구조

크로뮴(III) 아세틸아세토네이트는 화학식 $Cr(C_5H_7O_2)_3$을 갖는 배위 화합물이며 때로 Cr(acac)$_3$으로 표시한다. 이 자줏빛 킬레이트 화합물은 비극성 유기 용매에 대한 용해도와 상자성 때문에 NMR 분광법에서 완화제로 사용된다. 이 실험에서는 대표적인 두자리 리간드인 아세틸아세톤(acetylacetone, acacH)이라고도 부르는 2,4-펜테인다이온(2,4-pentanedione)을 이용하여 정팔면체 구조의 크로뮴(III) 킬레이트 화합물 Cr(acac)$_3$를 합성하고자 한다.

아세틸아세톤(acacH) 화합물에 염기(base)를 첨가하면, 두 개의 카보닐 작용기 사이의 탄소에 결합된 수소는 산성도가 높아서 쉽게 탈수소화 반응이 진행된다. 그 결과로 음이온인 아세틸아세토네이트 음이온 acac-를 만든다. acac- 음이온은 세 가지 공명 구조를 갖는 상대적으로 안정한 이온이다. 이 실험에서 사용되는 염기는 요소(urea, $(NH_2)_2C{=}O$)로부터 가열 시 분해되어 얻어지는 암모니아(NH_3)이다.

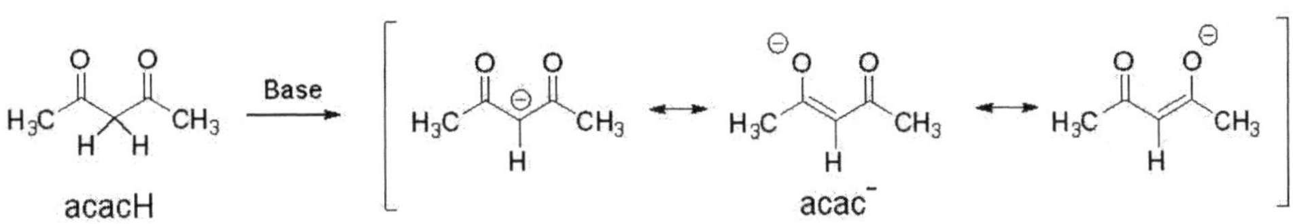

$$CH_3COO^- + H_2O \longrightarrow CH_3COOH + OH^-$$

acac-는 카보닐기의 산소 두 개를 이용하여 중심 금속과 배위 결합을 할 수 있는 두자리 리간드이다. 따라서 배위수가 6인 팔면체 킬레이트 화합물을 형성하기 위해서는 세 개의 acac- 리간드가 필요하다. 이 화합물은 전기적으로 중성이며 소수성을 나타내어 물과 같이 극성이 큰 용매에는 잘 녹지 않는다. 반면 무극성인 유기 용매에는 잘 녹는다.

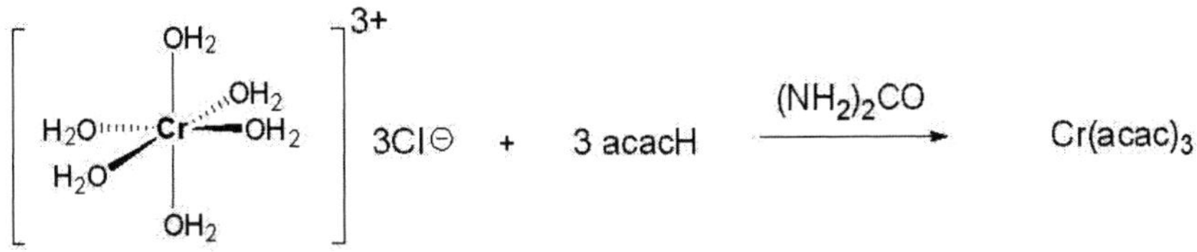

☑ 시약 및 기구

시 약

염화 크로뮴(III)($CrCl_3 \cdot 6H_2O$), 아세틸아세톤(2,4-펜테인다이온), 요소(urea, NH_2CONH_2)

기 구

삼각 플라스크(125, 250 mL), 100 mL 비커, 이동 피펫, 깔때기, 가열판, 거름종이, 자석 젓개

☑ 실험방법

이번 실험에서 주의할 사항

- 아세틸아세톤(2,4-펜테인다이온)은 반드시 후드 안에서 사용한다.
- 반응 후 용액은 폐수통에 조심해서 버린다.

$Cr(acac)_3$ 합성

1) 0.15 g의 염화 크로뮴(III)을 삼각 플라스크에 넣고 증류수 20 mL로 녹인다.
2) 녹인 용액에 3.0 g의 요소를 넣는다 .
3) 1.0 mL의 아세틸아세톤을 피펫을 사용하여 첨가한다.
4) 삼각 플라스크의 혼합물을 스탠드에 고정하고 가열판 위에서 바로 가열한다. 자석 젓개나 유리막대로 잘 저어주면서 끓기까지 서서히 가열한다.
5) 약 20~30분간 가열한다. 가열되면서 요소가 암모니아와 이산화 탄소로 분해되어 용액이 염기성으로 바뀌고 짙은 자주색이 된다.
6) 반응 용액을 천천히 식혀 플라스크에 짙은 보라색 결정을 얻는다.
7) 용액을 거름종이와 깔때기로 걸러서 결정을 분리한다. 파스퇴르 피펫을 사용하여 1~2 mL의 증류수로 결정을 조심스럽게 씻는다. 이 과정을 두세 번 반복하여 불순물과 남은 아세틸아세톤을 제거한다.
8) 분리한 결정을 공기 중에 잘 말린 다음 무게를 잰다.
9) 시간이 허락하면 녹는점을 측정한다.

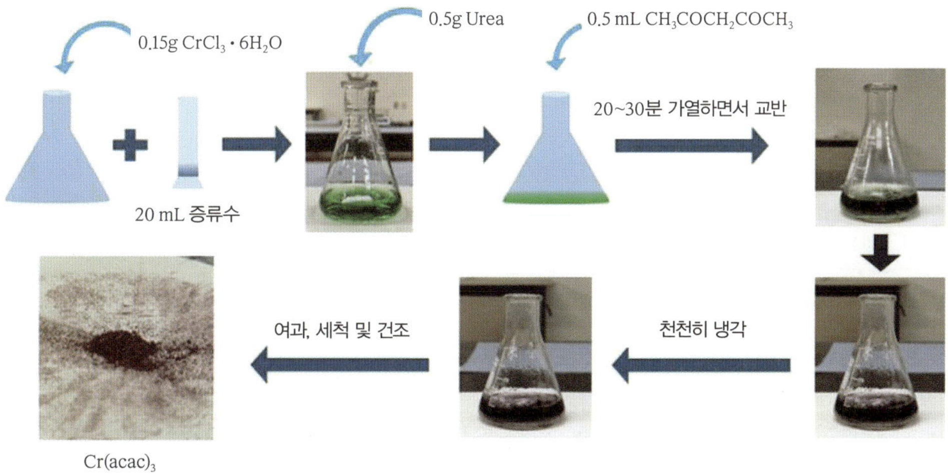
0.15g $CrCl_3 \cdot 6H_2O$
20 mL 증류수
0.5g Urea
0.5 mL $CH_3COCH_2COCH_3$
20~30분 가열하면서 교반
천천히 냉각
여과, 세척 및 건조
$Cr(acac)_3$

☑ 실험결과

다음 표에 데이터를 적고 필요한 부분의 계산을 완료하라(소수점 첫째 자리까지 유효숫자 고려하여 적으시오).

사용 시약	
$CrCl_3 \cdot 6H_2O$의 질량(g) / 몰수	
요소의 질량(g) / 몰수	
아세틸아세톤 부피 / 몰수	
얻어진 결정의 질량(g) / 몰수	
수득률(%)	
녹는점(측정 시)	

☑ 질문

1) 실험적 수득률이 이론적 수득률보다 항상 작은 이유는?

2) 요소를 가열하여 얻는 암모니아가 염기로 작용하는 이유는?

3) 배위 화합물들이 다양한 색깔을 띠는 이유는?

4) $Cr(acac)_3$이 물에 잘 녹지 않는 이유는?

실험 11 액체 혼합물 조성과 부피 변화

이 론

화합물은 조성이 일정하다. 반면 혼합물은 조성이 다를 수 있기 때문에 용액을 형성하는 물질들의 상대적인 양을 나타낼 필요가 있다. 용액의 농도를 나타내는 일반적인 방법으로 묽은(비교적 적은 양의 용질이 있는 경우)과 진한(비교적 많은 양의 용질이 있는 경우)이라는 정성적인 용어를 사용한다. 하지만 정확한 양을 알기 위해서는 좀더 정확한 정의가 필요하다. 몰농도(molarity)는 용액 1 L에 들어 있는 용질의 몰수(M)로 나타낸다. 용액의 조성을 나타내는 다른 방법들도 있다.

질량 백분율(mass percent)은 용액 중에 있는 용질의 질량을 퍼센트로 나타낸다.

$$\text{질량 백분율} = (\text{용질의 질량}/\text{용액의 질량}) \times 100\%$$

몰분율(mole fraction)은 용액의 조성을 용액에 있는 분자의 전체 몰수에 대한 주어진 성분의 몰수의 비이다.

$$\text{성분 A의 몰분율} = nA/(nA + nB)$$

몰랄 농도(molality, m)는 용매 1 kg에 녹아 있는 용질의 몰수이다.

$$\text{몰랄 농도} = \text{용질의 몰수}/\text{용매의 질량(kg)}$$

1. 액체-액체 용액

혼합물에는 고체-고체, 액체-고체, 액체-액체, 액체-기체, 기체-기체 등의 혼합물이 존재한다. 일반적으로 혼합되어 균일한 상을 유지하는 경우를 많이 다루게 된다. 액체-액체의 용액은 많이 다루지 않는 혼합물이다. 두 가지 액체가 섞일 때, 그 용액의 부피는 각각의 액체의 부피의 합보다 작은 혼합물이 있으며, 반면 다른 액체 두 가지를 섞을 때, 그 용액의 부피는 각각의 액체의 부피의 합보다 큰 혼합물이 존재한다.

☑ 시약 및 기구

과정 A: 두 가지 액체가 섞일 때, 그 용액 부피는 각각의 부피의 합보다 작다.

시 약

파란색 식용 색소 4방울, 노란색 식용 색소 4방울, 증류수 50 mL, 무수(또는 95%) 에탄올(C_2H_5OH) 50 mL 또는 무수 메탄올(CH_3OH)

기 구

검정 절연테이프 10 cm, 50 mL 부피 플라스크 2개, 삼각 플라스크(125, 250 mL), 100 mL 부피 플라스크(마개 있는 것), 100 mL 부피 플라스크에 맞는 긴 가지 깔때기

과정 B: 두 가지 액체가 섞일 때, 그 용액 부피는 각각의 부피의 합보다 작다.

시 약

아세트산 에틸($C_2H_5OCOCH_3$) 50 mL, 이황화 탄소(CS_2) 50 mL**(후드 안에서만 사용)**

기 구

검정 절연테이프 10 cm, 50 mL 부피 플라스크 2개(마개 있는 것), 100 mL 부피 플라스크(마개 있는 것), 삼각 플라스크(125, 250 mL), 100 mL 부피 플라스크에 맞는 긴 가지 깔때기

☑ 실험방법

이번 실험에서 주의할 사항

- 에탄올, 메탄올, 아세트산 에틸은 인화성 물질이므로 반드시 후드 안에서 사용한다.
- 이황화 탄소는 극히 인화성이 크며 독성이 있으므로 후드 안에서만 다루어야 한다**(과정 B)**.
- 알코올-물의 혼합물은 많은 물과 함께 배수구로 흘려버려야 한다.
- 이황화 탄소-아세트산 에틸 혼합물은 인화성 유기폐기물 통에 버려야 한다.

과정 A

1) 50 mL 눈금 플라스크 하나에 파란색 식용색소 4방울을 넣는다.
2) 다른 하나에는 노란색 식용색소를 4방울 넣는다.
3) 한 플라스크에는 증류수를 40 mL 넣고 다른 플라스크는 무수 에탄올을 40 mL 넣는다.
4) 삼각 플라스크에 두 용매를 부어 용액의 색깔이 고르게 되도록 한 후 눈금 플라스크에

부어 부피를 측정한다.

5) 증류수 50 mL/무수 에탄올 30 mL, 증류수 60 mL/무수 에탄올 20 mL, 증류수 70 mL/무수 에탄올 10 mL로 이 과정을 반복하여 혼합물의 부피를 측정한다.

과정 B

1) 50 mL 눈금 플라스크 하나에 파란색 식용색소 4방울을 넣는다.
2) 다른 하나에는 노란색 식용색소를 4방울 넣는다.
3) 한 플라스크에는 아세트산 에틸을 30 mL 넣고 다른 플라스크는 이황화 탄소를 30 mL 넣는다.
4) 삼각 플라스크에 두 용매를 부어 용액의 색깔이 고르게 되도록 한 후 눈금 플라스크에 부어 부피를 측정한다.
5) 아세트산 에틸 40 mL/이황화 탄소 20 mL, 아세트산 에틸 50 mL/이황화 탄소 10 mL로 이 과정을 반복하여 혼합물의 부피를 측정한다.

☑ 실험결과

다음 표에 데이터를 적고 필요한 부분의 계산을 완료하라.

사용 시약	몰비	혼합물 부피
증류수 40 mL / 무수 에탄올 40 mL		
증류수 50 mL / 무수 에탄올 30 mL		
증류수 60 mL / 무수 에탄올 20 mL		
증류수 70 mL / 무수 에탄올 10 mL		
아세트산 에틸 30 mL / 이황화 탄소 30 mL		
아세트산 에틸 40 mL / 이황화 탄소 20 mL		
아세트산 에틸 50 mL / 이황화 탄소 10 mL		

☑ 질문

1) 사용한 화합물의 구조와 작용기를 그려라.

2) 혼합물의 구성 종류에 따라 부피 변화가 있는 이유는 무엇인가?

3) 사용한 화합물들을 극성과 비극성 화합물로 구분하라.

4) 극성 화합물과 비극성 화합물의 일반적인 물리적 성질의 차이는 무엇인가?

실험 12

산 및 염기의 세기와 농도

이 론

산은 용액 속에서 완전히 또는 부분적으로 이온화하는가에 따라 강산(strong acid) 또는 약산 (weak acid)으로 분류된다. 수용액에서 산(HA로 표시함)의 이온화는 다음과 같이 나타낼 수 있다.

$$HA(aq) + H_2O(l) \longrightarrow H_3O^+(aq) + A^-(aq)$$

여기서 A^-는 HA의 짝염기(conjugate base)이다. 이 화학 반응의 평형식은 다음과 같다.

$$[H_3O^+][A^-]/[HA] = K_a$$

염기들은 H^+ 이온과 결합할 수 있는 비공유 전자쌍을 한 개 이상 가지고 있다. 염기는 물과 반응하여 물에서 수소 이온을 떼어내 염기의 짝산(conjugate acid)과 OH^- 이온을 생성한다.

1. 강산

강산은 용매에 녹아 있는 모든 산 분자들이 수소 이온인 양이온과 수소 이온을 제외한 분자의 나머지 부분으로 구성된 음이온으로 완전히 분리되는 산을 말한다. 윗 식에서 K_a는 산 해리 상수(acid dissociation constant)라 불리며 강산은 K_a가 1보다 크다. 여러 중요한 산들의 K_a값은 교과서나 백과사전에서 쉽게 찾아볼 수 있는데 $pK_a = -\log K_a$ 값이 통상적으로 산의 세기를 나타내는 값으로 널리 활용된다. 따라서 강산의 pK_a는 약산의 pK_a보다 작다. 강산의 대표적인 예로는 HCl, HBr, HI, HNO_3, $HClO_3$, $HClO_4$, H_2SO_4 등이 있다.

2. 약산

약산은 일반적으로 산 해리 상수(acid dissociation constant)가 K_a가 1보다 작다. 많은 산 분자들이 분자의 형태를 그대로 유지하고 일부 분자만 해리되는 산을 말한다. 수용액에서 강산과 약산의 구분은 산의 농도가 아니라 산 분자의 해리되는 정도로 결정되므로, 농도가 진한 약산 혹은 농도가 묽은 강산도 존재할 수 있다. 예를 들어 강산인 염산(HCl)의 경우에는 물에서 수소 이온(H^+)과 염소 이온(Cl^-)으로 거의 100% 해리된다. 그렇지만 약산인 아세트산 분자(CH_3COOH)는 일부의 분자만이 수소 이온(H^+)과

아세트산 이온(CH_3COO^-)으로 해리되며, 나머지는 해리되지 않은 형태로 존재한다.

0.1 M 염산의 pH는 0.1 M 황산과 거의 같으나, 0.1 M 아세트산보다 낮다. 이 세 가지산은 모두 수산화 소듐(NaOH)으로 중화된다. pH가 거의 같으나. 염산 중화 시 필요한 수산화 소듐(NaOH)의 양은 황산 중화 시의 반이다. pH가 다르지만 염산 중화 시 필요한 수산화 소듐(NaOH)의 양은 아세트산 중화 시와 같다(실험 과정 A). pH와 중화 능력 사이의 차이점을 염기로 실험하고자 한다(실험 과정 B).

3. 강염기

NaOH, KOH와 같은 알칼리 금속의 이온성 수산화물이나 $Sn(OH)_2$와 같은 조금 더 무거운 알칼리 토금속들의 이온성 수산화물은 강염기(strong base)이다. 이 화합물들은 수용액에서 완전히 용해되어 이온이 된다. 예를 들어 강염기인 NaOH의 경우에는 물에서 Na^+ 이온과 OH^- 이온으로 100% 해리된다. 즉 0.1 M의 NaOH를 포함하는 수용액은 0.1 M의 Na^+(aq)와 0.1 M의 OH^-(aq)를 포함한다. 해리되지 않는 NaOH는 존재하지 않는다.

4. 약염기

수용액에서 염기(B로 표시함)의 이온화는 다음과 같이 나타낼 수 있다.

$$B(aq) + H_2O(l) \rightleftharpoons BH^+(aq) + OH^-(aq)$$

여기서 HB+는 B의 짝산(conjugate acid)이다. 이 화학 반응의 평형식은 다음과 같다.

$$[BH^+][OH^-] / [B] = K_b$$

이때 K_b는 염기 해리 상수(base dissociation constant)라 불리며 약염기의 경우 1보다 작다. 약염기산의 염기 해리 상수는 염기의 종류와 분자의 특성에 따라 달라지는 고유한 값이다. 그러므로 해리 상수가 큰 염기는 약염기 중에서도 비교적 센 약염기가 된다. 여러 중요한 염기들의 K_b 값은 교과서나 백과사전에 쉽게 찾아 볼수 있는데, $pK_b = -\log K_b$ 값이 통상적으로 널리 활용된다. 예를 들어 암모니아의 K_b는 1.8 × 10−5이고, 탄산 이온(CO_3^{2-})의 Kb는 1.8 × 10−4이다.

☑ 시약 및 기구

과정 A

시 약

0.1 M 염산 40 mL, 0.1 M 황산 40 mL, 0.1 M 아세트산 40 mL, 페놀프탈레인 지시약 2 mL, 0.1 M 수산화 소듐 200 mL

기 구

250 mL 비커 3개, 라벨 3개, 스포이트, 유리 막대 3개, pH 미터, 표준화된 또는 pH-지시 종이(pH 0~3 범위), 100 mL 눈금 실린더

과정 B

시 약

0.1 M 수산화 소듐 40 mL, 0.1 M 수산화 바륨 40 mL(수산화 바륨 17 g을 600 mL 증류수에 녹여 1.0L로 만든다.), 0.1 M 암모니아 40 mL(진한 암모니아[15 M] 7 mL를 600 mL 증류수에 넣고 1.0L로 만든다.), 브로모크레졸 지시약 2 mL, 0.1 M 염산 200 mL

기 구

250 mL 비커 3개, 라벨 3개, 스포이트, 유리 막대 3개, pH 미터, 표준화된 또는 pH-지시 종이(pH 11~13 범위), 100 mL 눈금 실린더

☑ 실험방법

이번 실험에서 주의할 사항

- 용해된 바륨 화합물은 독성이 있고, 먹으면 메스껍고 구토를 일으키므로 절대 섭취하지 말아야 한다.

과정 A

1) 3개의 250 mL 비커에 염산, 아세트산, 황산을 표시한다. 0.1 M, 40 mL씩을 각 비커에 넣는다. 각 비커에 페놀프탈레인 10방울씩을 넣고 철저히 젓는다.
2) pH 미터 또는 pH 시험지를 사용하여, 각 용액의 pH를 재고 기록한다.
3) 염산 용액을 저으면서, 100 mL 눈금 실린더에서 지시약의 색이 무색에서 핑크색이 될 때까지 천천히 0.1M 수산화 소듐을 넣는다.

4) pH 미터 또는 pH 시험지를 사용하여, 중화된 용액의 pH를 재고 기록한다.
5) 이 과정을 아세트산과 황산 비커에서 반복한다.

실험 시간의 여유가 있는 경우는 과정 B를 진행하며 여유가 없는 경우는 과정 B는 다음 주에 진행할 수 있다.

과정 B

1) 2개의 250 mL 비커에 수산화 소듐, 암모니아, 수산화 바륨을 표시한다. 0.1 M, 40 mL씩을 각 비커에 넣는다. 각 비커에 브로모크레졸 초록 지시약 10방울씩을 더욱 철저히 젓는다.
2) pH 미터 또는 pH 시험지를 사용하여, 각 용액의 pH를 재고 기록한다.
3) 수산화 소듐 용액을 저으면서 100 mL 눈금 실린더에서 지시약의 색이 청색에서 초록 또는 노란색이 될 때까지 천천히 0.1M 염산을 넣는다.
4) pH 미터 또는 pH 시험지를 사용하여, 중화된 용액의 pH를 재고 기록한다.
5) 이 과정을 암모니아와 수산화 바륨 비커에서 반복한다.

☑ 실험결과

다음 표에 측정된 데이터를 기록하라.

사용 시약	중화에 사용된 부피	측정된 pH
0.1 M 염산 / 중화 용액		
0.1 M 황산 / 중화 용액		
0.1 M 아세트산 / 중화 용액		
0.1 M 수산화 소듐 / 중화 용액		
0.1 M 암모니아 / 중화 용액		
0.1 M 수산화 바륨 / 중화 용액		

☑ 질문

1) 중화에 필요한 각 산과 염기의 부피가 다른 이유는?

2) 측정된 pH가 차이가 나는 이유는?

3) 산 및 염기의 세기가 산 및 염기의 구조와 농도에 의하여 변화하는 이유는?

실험 13 구리(Cu)의 화학 반응

이 론

화학 반응은 화학 결합의 파괴와 생성을 통해 반응 전 물질과는 화학적 성질이 다른 물질이 만들어지는 과정을 일컫는다. 화학 반응을 이용하여 새로운 물질을 합성하는 것은 화학의 가장 중요한 기능이며 합성된 새로운 화합물들은 인류의 문명 발전에 큰 역할을 해왔다. 고대의 제련, 주조 기술에서부터 값싼 금속에서 금을 만들고자 했던 중세의 연금술에 이르기까지 축적된 화학 지식을 바탕으로 현대의 화학이 발전했다. 화학 반응에 의한 합성으로 의약품, 플라스틱과 같은 물질을 만들어내거나, 연소 반응을 이용하여 에너지를 얻는다. 또한 생체 내에서 일어나는 소화과정, 단백질 합성도 화학 반응의 일종이다.

화학 반응 전 물질을 반응물, 반응 후 물질을 생성물이라고 한다. 특별히 실험실에서의 반응 과정에서 원하지 않는 부산물이 포함된 반응 생성물에서 원하는 물질을 분리하고 정제하는 과정이 필요하다. 이 실험에서는 화학 반응의 기본적 유형인 산화-환원 반응과 상호교환 반응을 이해하고자 한다. 이 반응 과정을 통하여 구리를 여러 가지 화학적 변환을 시키고, 최종적으로는 구리 시료를 다시 최대의 수율로 회수하는 실험을 하게 된다. 이 실험에서는 다음의 연속적인 화학 반응들을 수행한다.

$Cu(s) + 4HNO_3(aq) \longrightarrow CuNO_3(aq) + 2NO_2(g) + 2H_2O(l)$ (1) 산화-환원 반응

$CuNO_3(aq) + 2NaOH(aq) \longrightarrow Cu(OH)_2(s) + 2NaNO_3(aq)$ (2) 치환 반응

$Cu(OH)_2(s) \longrightarrow CuO(s) + H_2O(g)$ (가열) (3) 탈수 반응

$CuO(s) + H_2SO_4(aq) \longrightarrow CuSO_4(aq) + H_2O(g)$ (4) 치환 반응

$CuSO_4(aq) + Zn(s) \longrightarrow ZnSO_4(aq) + Cu(s)$ (5) 산화-환원 반응

이 반응들은 생성물로 거의 완전히 진행된다. 용액에서의 화학 반응은 기체를 생성하거나 침전을 형성하는 등으로 한 성분이 용액에서 제거될 때는 항상 거의 완전히 진행된다. 반응 (1) 및 (3)은 기체가 생성되는 경우이며, 반응 (2)는 불용성 침전이 생기는 경우로 이에 해당된다. 반응 (5)는 Zn이 Cu보다 낮은 이온화 에너지 (즉 산화 전위)를 갖기 때문에 거의 완전히 진행된다.

이 실험은 순수한 구리에서 출발하여 일련의 반응을 거쳐 구리를 다시 회수하는 것이다. 구리의 % 수율은 다음과 같이 주어진다.

% 수율 = (회수된 Cu 무게 / 처음 사용한 Cu 무게) × 100(%)

☑ 시약 및 기구

시 약

구리선(1인당 약 0.5 g), 진한 질산(HNO_3), 3.0 M NaOH, 6.0 M H_2SO_4, 메탄올, 아세톤, 아연 분말

기 구

250 mL 비커, 눈금 실린더, 끓임쪽, 젓개, 가열기, 오븐 또는 물중탕, 증발접시

☑ 실험방법

이 실험은 진행 상황에 따라 2주에 거쳐 진행할 수 있다. 과정 4번까지 진행한 후 다음 주에 계속 진행할 수 있다.

이번 실험에서 주의할 사항
• 이 실험에 시약을 넣는 과정은 후드 안에서 해야 한다.

1) 구리선 약 0.50 g을 정확하게 무게를 재고 250 mL 비커에 넣는다.
2) 후드에서 4~5 mL 진한 질산을 위 비커에 넣는다. 반응이 완결되면 증류수 100 mL을 넣는다.
3) 비커에 든 용액에 3.0 M NaOH 30 mL을 첨가한다. 2~3개의 끓임쪽을 넣고 용액이 거의 끓을 때까지 조심스럽게 가열한다(가열할 때는 저어준다).
4) 검은색의 CuO가 가라앉을 때까지 기다린 후, 상층액을 따라낸다. 약 200 mL의 아주 뜨거운 증류수를 첨가하고, 젓는다. 다시 CuO 가라앉을 때까지 기다린 후 상층 액을 다시 한번 따라 낸다.
5) 6.0 M 황산 15 mL을 넣는다.
6) 2.0 g의 아연 분말을 용액에 한꺼번에 넣고 상층액이 무색일 때까지 저어준다. 기체의 방출이 아주 느려지면 약하게 가열(끓이지는 말 것) 후 식힌다.
7) 기체 발생이 멈추면 상층액을 따라내고 침전을 미리 무게를 재어 둔 증발접시에 옮긴다.
8) 증류수 5 mL을 넣고 고체가 가라앉을 때까지 기다린 후 따라내는 것을 2번 반복하여 침전된 구리를 씻는다.
9) 5 mL의 메탄올을 침전에 붓고(메탄올은 인화성이니 주의하라), 침전이 가라앉을 때까지 기다린 후 따라내는 것으로 침전을 씻는다.
10) 마지막으로 약 5 mL의 아세톤을 사용하여 위와 같은 과정으로 침전을 씻는다.
11) 회수된 구리의 무게를 측정한다.

☑ 실험결과

다음 표에 데이터를 적고 필요한 부분의 계산을 완료하라.

실험 과정	
처음 사용한 구리의 무게	
회수된 구리와 증발접시의 무게	
증발접시의 무게	
회수된 구리의 무게	
회수된 구리의 % 수율: % 수율 = (회수된 Cu 무게 / 처음 Cu 무게) × 100(%)	

☑ 질문

1) 산화-환원 반응과 치환 반응의 정의를 설명하라.

2) 반응이 완전히 진행되었다는 것은 무엇을 의미하는가?

3) 발열 반응과 흡열 반응의 정확한 정의와 반응 시 온도변화와의 관계를 설명하라.

4) 0.85 g의 Cu에서 1.65 g의 $Cu(NO_3)_2$가 얻어졌다면 % 수율은 얼마인가?

5) 회수된 구리의 색은? 구리는 겉보기가 균일한가?

6) 이 실험의 오차의 요인들을 설명하라.

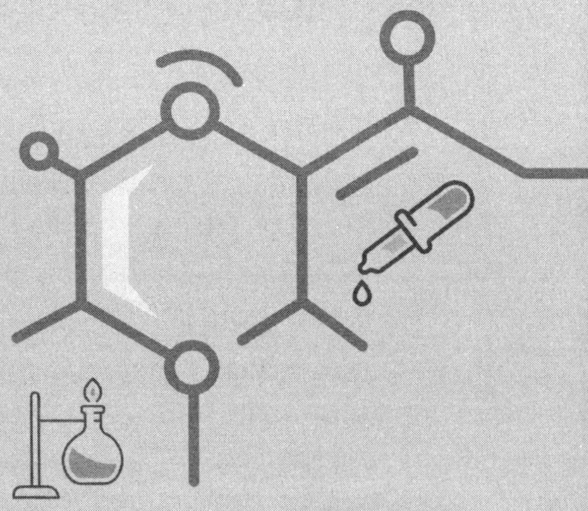

부록

부록 1: SI 단위

어떠한 물리량을 측정하여 표시할 때는 수(number)와 단위(unit)의 두 가지를 함께 나타내어야 그 의미를 가지게 된다. 수는 크기를 나타내는 것이고 단위는 어떠한 물리량을 측정하였는가를 나타낸다. 과학계에서는 국제적 합의에 의해 국제단위계(international system)를 사용한다. 국제단위계는 프랑스어로 le Système International이라고 쓰기 때문에 줄여서 SI 단위라고 한다. SI 단위는 길이, 질량, 시간, 온도, 전류, 물질의 양, 광도의 단위인 일곱 개의 SI 기본 단위를 바탕으로 하고 있다. 그 밖의 다른 모든 물리량의 단위는 일곱 개의 SI 기본 단위로부터 유도할 수 있다. 유도되어지는 단위 중 특별한 이름을 가지고 있는 단위는 22개가 있다. 또한 물리량을 표현할 때 수가 너무 크거나 작을 경우 접두어를 사용하여 간략히 표현한다.

표 부록 1-1 SI 기본 단위

물리량	SI 기본 단위	
	기호	이름
길이	m	미터(meter)
질량	kg	킬로그램(kilogram)
시간	s	초(second)
전류	A	암페어(ampere)
온도	K	켈빈(kelvin)
물질의 양	mol	몰(mole)
광도	cd	칸델라(candela)

표 부록 1-2 SI 유도 단위 중 특별한 이름을 가지는 단위

물리량	SI 유도 단위			
	기호	이름	다른 SI 단위를 사용한 표현	SI 기본 단위를 사용한 표현
평면각	rad	라디안(radian)		$m \cdot m^{-1} = 1$
입체각	sr	스테라디안(steradian)		$m^2 \cdot m^{-2} = 1$
진동수	Hz	헤르츠(hertz)		s^{-1}
힘	N	뉴턴(newton)		$m \cdot kg \cdot s^{-2}$
압력, 응력	Pa	파스칼(pascal)	N/m^2	$m^{-1} \cdot kg \cdot s^{-2}$
에너지, 일, 열량	J	줄(joule)	$N \cdot m$	$m^2 \cdot kg \cdot s^{-2}$
일률, 전력	W	와트(watt)	J/s	$m^2 \cdot kg \cdot s^{-3}$
전하량	C	쿨롬(coulomb)		$s \cdot A$
전위, 전위차, 기전력	V	볼트(volt)	W/A	$m^2 \cdot kg \cdot s^{-3} \cdot A^{-1}$
전기 용량	F	패럿(farad)	C/V	$m^{-2} \cdot kg^{-1} \cdot s^4 \cdot A^2$
전기 저항	Ω	옴(ohm)	V/A	$m^2 \cdot kg \cdot s^{-3} \cdot A^{-2}$
전기 전도도	S	지멘스(siemens)	A/V	$m^{-2} \cdot kg^{-1} \cdot s^3 \cdot A^2$
자기력선속	Wb	웨버(weber)	$V \cdot s$	$m^2 \cdot kg \cdot s^{-2} \cdot A^{-1}$
자기력선속 밀도	T	테슬라(tesla)	Wb/m^2	$kg \cdot s^{-2} \cdot A^{-1}$
인덕턴스	H	헨리(henry)	Wb/A	$m^2 \cdot kg \cdot s^{-2} \cdot A^{-2}$
섭씨 온도	˚C	섭씨도(celcius)		K−273.15
광선속	lm	루멘(lumen)	$cd \cdot sr$	$cd \cdot sr$
조명도(광조도)	lx	럭스(lux)	lm/m^2	$m^{-2} \cdot cd \cdot sr$
방사능	Bq	베크렐(becquerel)		s^{-1}
흡수선량	Gy	그레이(gray)	J/kg	$m^2 \cdot s^{-2}$
선량당량	Sv	시버트(sievert)	J/kg	$m^2 \cdot s^{-2}$
촉매활성도	kat	카탈(ktal)		$mol \cdot s^{-1}$

표 부록 1-3 그 밖의 SI 유도 단위의 예

물리량	SI 유도 단위	
	일반적인 표현	SI 기본 단위를 사용한 표현
넓이	m^2	m^2
부피	m^3	m^3
속도, 속력	m/s	$m \cdot s^{-1}$
가속도	m/s^2	$m \cdot s^{-2}$
가속도 변화율	m/s^3	$m \cdot s^{-3}$
각속도	rad/s	s^{-1}
운동량, 충격량	N·s	$m \cdot kg \cdot s^{-1}$
각운동량	N·m·s	$m^2 \cdot kg \cdot s^{-1}$
돌림힘, 힘능률	N·m = J/rad	$m^2 \cdot kg \cdot s^{-2}$
파(동)수	m^{-1}	m^{-1}
밀도	kg/m^3	$m^{-3} \cdot kg$
견줌 부피	m^3/kg	$m^3 \cdot kg^{-1}$
농도	mol/m^3	$m^{-3} \cdot mol$
몰부피	m^3/mol	$m^3 \cdot mol^{-1}$
작용량	J·s	$m^2 \cdot kg \cdot s^{-1}$
열용량, 엔트로피	J/K	$m^2 \cdot kg \cdot s^{-2} \cdot K^{-1}$
몰열용량, 몰엔트로피	J/(K·mol)	$m^2 \cdot kg \cdot s^{-2} \cdot K^{-1} \cdot mol^{-1}$
비열	J/(K·kg)	$m^2 \cdot s^{-2} \cdot K^{-1}$
에너지 밀도	J/m^3	$m^{-1} \cdot kg \cdot s^{-2}$
표면 장력	$N/m = J/m^2$	$kg \cdot s^{-2}$
열전도도	W/(m·K)	$m \cdot kg \cdot s^{-3} \cdot K^{-1}$
확산 계수	m^2/s	$m^2 \cdot s^{-1}$
편극 벡터	C/m^2	$m^{-2} \cdot s \cdot A$
전하 밀도	C/m^3	$m^{-3} \cdot s \cdot A$
전류 밀도	A/m^2	$A \cdot m^{-2}$
전도도	S/m	$m^{-3} \cdot kg^{-1} \cdot s^3 \cdot A^2$
몰전도도	$S \cdot m^2/mol$	$kg^{-1} \cdot s^3 \cdot mol^{-1} \cdot A^2$
유전율	F/m	$m^{-3} \cdot kg^{-1} \cdot s^4 \cdot A^2$
투자율	H/m	$m \cdot kg \cdot s^{-2} \cdot A^{-2}$
전기장 세기	V/m	$m \cdot kg \cdot s^{-3} \cdot A^{-1}$
자기장 세기	A/m	$A \cdot m^{-1}$
밝기, 휘도	cd/m^2	$cd \cdot m^{-2}$
발광 에너지	lm·s	cd·sr·s
흡수선량 조사율	Gy/s	$m^2 \cdot s^{-3}$
비저항	Ω·m	$m^3 \cdot kg \cdot s^{-3} \cdot A^{-2}$

표 부록 1-4 SI 단위와 함께 사용하는 접두어

접두어	기호	수	지수 표시
엑사(exa)	E	1,000,000,000,000,000,000	10^{18}
페타(peta)	P	1,000,000,000,000,000	10^{15}
테라(tera)	T	1,000,000,000,000	10^{12}
기가(giga)	G	1,000,000,000	10^{9}
메가(mega)	M	1,000,000	10^{6}
킬로(kilo)	k	1,000	10^{3}
헥토(hecto)	h	100	10^{2}
데카(deca)	d	10	10^{1}
		1	10^{0}
데시(deci)	d	0.1	10^{-1}
센티(centi)	c	0.01	10^{-2}
밀리(milli)	m	0.001	10^{-3}
마이크로(micro)		0.000001	10^{-6}
나노(nano)	n	0.000000001	10^{-9}
피코(pico)	p	0.000000000001	10^{-12}
펨토(femto)	f	0.000000000000001	10^{-15}
아토(atto)	a	0.000000000000000001	10^{-18}

부록 2: 산 염기 해리 상수

표 부록 2-1 산 해리 상수

(수용액, 25˚C)

산(HA)	K_{a1}[1)]	K_{a2}	K_{a3}
$HC_2H_3O_2$	1.8×10^{-5}		
H_3AsO_4	5.6×10^{-3}	1.0×10^{-7}	3.0×10^{-12}
H_3AsO_3	5.1×10^{-10}		
$H_2C_6H_7O_6$	8.0×10^{-5}	1.6×10^{-12}	
$HC_7H_5O_2$	6.3×10^{-5}		
H_3BO_3	5.8×10^{-10}		
$HC_4H_7O_2$	1.5×10^{-5}		
H_2CO_3	4.3×10^{-7}	5.6×10^{-11}	
$HC_2H_2O_2Cl$	1.4×10^{-3}		
$HClO_2$	1.1×10^{-2}		
$H_3C_6H_5O_7$	7.4×10^{-4}	1.7×10^{-5}	$4. \times 10^{-7}$
HCNO	3.5×10^{-4}		
$HCHO_2$	1.8×10^{-4}		
HN_3	1.9×10^{-5}		
HCN	4.9×10^{-10}		
HF	6.8×10^{-4}		
$HCrO_4^-$	3.0×10^{-7}		
H_2O_2	2.4×10^{-12}		
$HSeO_4$	2.2×10^{-2}		
H_2S	9.5×10^{-8}	1×10^{-19}	
HBrO	2.5×10^{-9}		
HClO	3.0×10^{-8}		
HIO	2.3×10^{-11}		
HIO_3	1.7×10^{-1}		
$HC_3H_5O_3$	1.4×10^{-4}		
$H_2C_3H_2O_4$	1.5×10^{-3}	2.0×10^{-6}	

1) $HA(aq) \rightleftarrows A^-(aq) + H^+(aq)$에 대한 평형 상수, $K_a = \frac{[A^-][H^+]}{[HA]}$

표 부록 2-1 염기 해리 상수

(수용액, 25°C)

물리량	K_b[1]
NH_3	1.8×10^{-5}
$C_6H_5NH_2$	4.3×10^{-10}
$(CH_3)_2NH$	5.4×10^{-4}
$C_2H_5NH_2$	6.4×10^{-4}
H_2NNH_2	1.3×10^{-6}
$HONH_2$	1.1×10^{-8}
CH_3NH_2	4.4×10^{-4}
C_5H_5N	1.7×10^{-9}
$(CH_3)_3N$	6.4×10^{-5}

1) $B(aq) + H_2O(l) \rightleftarrows HB^+(aq)$에 대한 평형 상수, $K_a = \frac{[A^-][H^+]}{[HA]}$

부록 3: 용해도곱 상수

(수용액, 25°C)

이온 화합물	K_{sp}[1]	이온 화합물	K_{sp}
$BaCO_3$	5.0×10^{-9}	PbF_2	3.6×10^{-8}
$BaCrO_4$	2.1×10^{-10}	$PbSO_4$	6.3×10^{-7}
BaF_2	1.7×10^{-6}	PbS	3×10^{-28}
BaC_2O_4	1.6×10^{-6}	$Mg(OH)_2$	1.6×10^{-12}
$BaSO_4$	1.1×10^{-10}	$MgCO_3$	3.5×10^{-8}
$CdCO_3$	1.8×10^{-14}	MgC_2O_4	8.6×10^{-5}
$Cd(OH)_2$	2.5×10^{-14}	$MnCO_3$	5.0×10^{-10}
CdS	8×10^{-28}	$Mn(OH)_2$	1.6×10^{-13}
$CaCO_3$	4.5×10^{-9}	MnS	2×10^{-53}
$CaCrO_4$	7.1×10^{-4}	Hg_2Cl_2	1.2×10^{-18}
CaF_2	3.9×10^{-11}	Hg_2I_2	1.1×10^{-28}
$Ca(OH)_2$	6.5×10^{-6}	HgS	2×10^{-53}
$Ca_3(PO_4)_2$	2.0×10^{-29}	$NiCO_3$	1.3×10^{-7}
$CaSO_4$	2.4×10^{-5}	$Ni(OH)_2$	6.0×10^{-16}
$Cr(OH)_3$	1.6×10^{-30}	NiS	3×10^{-20}
$CoCO_3$	1.0×10^{-10}	$AgBrO_3$	5.5×10^{-5}
$Co(OH)_2$	1.3×10^{-15}	$AgBr$	5.0×10^{-13}
CoS	5×10^{-22}	Ag_2CO_3	8.1×10^{-12}
$CuBr$	5.3×10^{-9}	$AgCl$	1.8×10^{-10}
$CuCO_3$	2.3×10^{-10}	Ag_2CrO_4	1.2×10^{-12}
$Cu(OH)_2$	4.8×10^{-20}	AgI	8.3×10^{-17}
CuS	6×10^{-37}	Ag_2SO_4	1.5×10^{-5}
$FeCO_3$	2.1×10^{-11}	Ag_2S	6×10^{-51}
$Fe(OH)_2$	7.9×10^{-16}	$SrCO_3$	9.3×10^{-10}
LaF_3	2×10^{-19}	SnS	1×10^{-26}
$La(IO_3)_3$	6.1×10^{-12}	$ZnCO_3$	1.0×10^{-10}
$PbCO_3$	7.4×10^{-14}	$Zn(OH)_2$	3.0×10^{-16}
$PbCl_2$	1.7×10^{-5}	ZnC_2O_4	2.7×10^{-8}
$PbCrO_4$	2.8×10^{-13}	ZnS	2×10^{-25}

1) 황 화합물에서는 $MS(s) + H_2O(l) \rightleftharpoons M^{2+}(aq) + HS^-(aq) + OH^-(aq)$에 대한 K_{sp}

부록 4: 표준 환원 전위

(수용액, 25°C)

환원 반쪽 반응			E^o_{red}
F2(g) + $2e^-$	→	$2F^-$	2.87
Co^{3+} + e^-	→	Co^{2+}	1.82
Au^{3+} + $3e^-$	→	Au(s)	1.50
Cl_2(g) + $2e^-$	→	$2Cl^-$	1.36
O_2(g) + $4H^+$ + $4e^-$	→	$2H_2O$(l)	1.23
Br_2(l) + $2e^-$	→	$2Br^-$	1.07
$2Hg^{2+}$ + $2e^-$	→	Hg_2^{2+}	0.92
Hg^{2+} + $2e^-$	→	Hg(l)	0.85
Ag+ + e^-	→	Ag(s)	0.80
Hg_2^{2+} + $2e^-$	→	2Hg(l)	0.79
Fe^{3+} + e^-	→	Fe^{2+}	0.77
I2(s) + $2e^-$	→	$2I^-$	0.53
Cu^+ + e^-	→	Cu(s)	0.52
Cu^{2+} + $2e^-$	→	Cu(s)	0.34
Cu^{2+} + e^-	→	Cu^+	0.15
Sn^{4+} + $2e^-$	→	Sn^{2+}	0.15
S(s) + $2H^+$ + $2e^-$	→	H_2S(g)	0.14
$2H^+$ + $2e^-$	→	H_2(g)	0.00
Pb^{2+} + $2e^-$	→	Pb(s)	−0.13
Sn^{2+} + $2e^-$	→	Sn(s)	−0.14
Ni^{2+} + $2e^-$	→	Ni(s)	−0.25
Co^{2+} + $2e^-$	→	Co(s)	−0.28
Cd^{2+} + $2e^-$	→	Cd(s)	−0.40
Cr^{3+} + e^-	→	Cr^{2+}	−0.41
Fe^{2+} + $2e^-$	→	Fe(s)	−0.44
Cr^{3+} + $3e^-$	→	Cr(s)	−0.74
Zn^{2+} + $2e^-$	→	Zn(s)	−0.76
2H2O(l) + $2e^-$	→	H_2(g) + $2OH^-$	−0.83
Mn^{2+} + $2e^-$	→	Mn(s)	−1.18

부록 5: 주요 지시약의 변색과 pH 범위

지시약	pH 범위, 변색	용액
Methylviolet	황, 청 0.2~ 0.3 보라	H_2O
Thymolblue	적 1.2~ 2.8 황	H_2O(+NaOH)
Benzopurpurin 4B	보라 1.2~ 4.0 적	20%Alcohol
Methylorange	적 3.1~ 4.4 노랑	H_2O
Bromphenolblue	황 3.0~ 4.6 청자	H_2O(+NaOH)
Congored	청 3.0~ 5.0 적	70%Alcohol
Bromcresolgreen	노랑 3.8~ 5.4 청	H_2O(+NaOH)
Methylred	적 4.4~ 6.2 황	H_2O(+NaOH)
Chlorphenolred	황 4.8~ 6.8 적	H_2O(+NaOH)
Bromcresolpurple	황 5.2~ 6.8 적자	H_2O(+NaOH)
Litmus	적 4.5~ 8.3 청	H_2O
Bromthymolblue	황 6.0~ 7.6 청	H_2O(+NaOH)
Phenolred	황 6.8~ 8.2 적	H_2O(+NaOH)
Thymolbule	황 8.0~ 9.6 청	H_2O(+NaOH)
Phenolphthalein	무 8.3~10.0 분홍	70%Alcohol
Thymolphthalein	황 9.3~10.5 청	70%Alcohol
Alizarin yellow R	황 10.0~12.0 적	95%Alcohol
Indigo carmine	청 11.4~13.0 황	50%Alcohol
Trinitrobenzene	무 12.0~14.0 등	70%Alcohol

저자 소개

김건철
서울대학교 화학과 학사
서울대학교 화학과 석사
Yale University 화학과 박사
충남대학교 자연과학대학 화학과 교수

화학개론실험

저　자	김건철
발 행 인	김지영
발 행 처	자유아카데미
주　소	경기도 파주시 회동길 37-42 파주출판도시
전　화	031-955-1321
팩　스	031-955-1322
홈페이지	www.freeaca.com
전자우편	main@freeaca.com (대표) editor@freeaca.com (편집) crm@freeaca.com (영업)
등　록	제406-2003-017호, 1980. 7. 12
제1판1쇄	2023년 8월 20일 발행

저자와의
협의하에
인지생략

ISBN 979-11-5808-508-7 93430